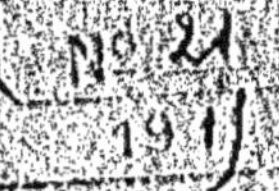

I

LES
FONDEMENTS MATHÉMATIQUES

DANS L'HYPOTHÈSE DE LA PHILOSOPHIE CRITIQUE

(SYSTÈME CARTÉSIO-KANTIEN)

PAR

Louis DE CONTENSON

INGÉNIEUR E. C. P.

PARIS

GAUTHIER-VILLARS ET Cⁱᵉ ÉDITEURS

LIBRAIRES DU BUREAU DES LONGITUDES, DE L'ÉCOLE POLYTECHNIQUE

Quai des Grands-Augustins, 55

1914

LES FONDEMENTS MATHÉMATIQUES

DANS L'HYPOTHÈSE DE LA PHILOSOPHIE CRITIQUE

(SYSTÈME CARTÉISO-KANTIEN)

ERRATA

Sur le titre et le faux-titre, au lieu de

(SYSTÈME CARTÉISO-KANTIEN)

lire :

(SYSTÈME CARTÉSIO-KANTIEN)

Page 16, ligne 10, au lieu de : (page 5), lire : (pages 11-12).
Page 46, note (1), au lieu de : (page 47), lire : (page 57).
Page 57, ligne 2, au lieu de : (page 38), lire : (page 48).
Page 81, ligne 17, au lieu de : il est $= nb^b$, étant....., lire :
il est $= nb$, b étant,...

LES FONDEMENTS MATHÉMATIQUES

DANS L'HYPOTHÈSE DE LA PHILOSOPHIE CRITIQUE

(SYSTÈME CARTÉISO-KANTIEN)

I

LES

FONDEMENTS MATHÉMATIQUES

DANS L'HYPOTHÈSE DE LA PHILOSOPHIE CRITIQUE

(SYSTÈME CARTÉISO-KANTIEN)

PAR

Louis DE CONTENSON

INGÉNIEUR E. C. P.

PARIS

GAUTHIER-VILLARS ET Cie ÉDITEURS

LIBRAIRES DU BUREAU DES LONGITUDES, DE L'ÉCOLE POLYTECHNIQUE

Quai des Grands-Augustins, 55

1914

NOTA

Ce travail reproduit une grande partie d'un article du même auteur, intitulé : *L'Innéisme Kantien des fondements mathématiques*, paru dans la *Revue de Philosophie* (Directeur, E. Peillaube; éditeur, Marcel Rivière et Cie, 31, rue Jacob, et 1, rue Saint-Benoît, Paris), dans les trois numéros de janvier, février et mars 1914.

Il est destiné à étudier la certitude mathématique en analysant les fondements de cette science lorsqu'on se place dans l'hypothèse formulée par les philosophes critiques, c'est-à-dire que l'on récuse les témoignages des sens, mais que l'on admet l'existence des vérités dites « innées » ou « immanentes ». Ce travail sera suivi d'un autre ayant pour titre : *La certitude mathématique. II. Les fondements mathématiques dans l'hypothèse du doute complet.*

LES FONDEMENTS MATHÉMATIQUES

DANS L'HYPOTHÈSE DE LA PHILOSOPHIE CRITIQUE

PRÉLIMINAIRES

§ 1. Exposé de la question.

La connaissance, ou science d'un objet donné, est l'énumération de l'ensemble des lois qui régissent cet objet et ses attributs. L'objet de toute connaissance humaine peut être, soit extérieur à l'homme, c'est-à-dire emprunté au monde qui l'environne, soit au contraire abstrait et existant à l'intérieur même de l'entendement qui cherche à l'étudier et à en acquérir la science. Nous dirons que dans le premier cas, l'objet de la connaissance est objectif et concret, et dans le second cas, qu'il est subjectif et abstrait.

Nous considérerons comme acquis, qu'une analyse qui relève de la psychologie rationnelle (ce vocable entendu dans le même sens que mécanique rationnelle par exemple, par opposition à psychologie appliquée) a établi que l'entendement humain, le sujet en un mot, ne peut atteindre directement l'objet *in se* placé dans le monde extérieur, mais seulement son image fournie par l'intermédiaire de la sensibilité ou ensemble des sens. La caractéristique principale de cet organe de la sensibilité est d'être en quelque sorte indépendant de l'entendement lui-même. Il sert à recueillir et à percevoir les impressions fournies par le monde extérieur pour transmettre leurs images plus ou moins fidèles à l'organe pensant où s'élabore la connaissance. On a pu établir qu'il était impossible et qu'il serait toujours impossible à l'homme de connaître le degré de cette fidélité. Nous ne saurons jamais quelle ressemblance il y a entre les images fournies à notre entendement par la sensibilité, et les objets qui furent l'origine de ces images. Deux hypothèses sont donc licites :

1° La sensibilité ne nous trompe pas.

2° Elle nous trompe, ou plus exactement elle pourrait nous tromper, il ne faut pas croire aveuglément à ses affirmations, et on ne doit pas l'admettre pour servir à la constitution d'une connaissance certaine.

***

D'autre part, cette même analyse de psychologie rationnelle a établi que le sujet conscient se trouve en présence d'un certain nombre de concepts, de notions, d'idées, de principes qui ne semblent pas avoir une origine dans le monde extérieur, mais préexistent dans l'entendement à tout examen de ce monde extérieur par la sensibilité. A la vérité, la plupart de ces principes, dont le sujet n'a en somme qu'à prendre conscience en lui-même, semblent s'imposer à lui de façon impérative. Il lui paraît que ne pas les admettre serait absurde. On leur a donné le nom d'idées innées, ou immanentes, ou jugements *a priori*. Mais en somme leur certitude repose sur l'intensité d'une impression et nullement sur une preuve rationnelle. Il n'y a donc pas plus d'absurdité à mettre en doute la vérité des lois immanentes, qu'il n'y en a à suspecter la fidélité des sens.

En se plaçant pour éclairer la chose dans l'hypothèse créationiste où Descartes prenait position pour affirmer la certitude des lois immanentes, en disant que Dieu ne saurait nous tromper, nous répondrons : Pourquoi donc alors nous aurait-il donné un organe de sensibilité trompeur. Il faudrait admettre qu'un scrupule lui serait venu singulièrement tard, et l'aurait conduit à réparer en quelque sorte le mal commis lorsqu'il nous avait mis dans l'impossibilité de vérifier si les images, contenu immédiat de la connaissance, sont la reproduction identique des objets extérieurs qui seuls nous intéressent. Dieu aurait alors, pour nous permettre de constituer une connaissance certaine, malgré cet organe défectueux d'investigation, rédigé un code ou recueil de quelques lois intangibles, et l'aurait déposé dans notre entendement, afin de suppléer à notre incapacité à atteindre les objets *in se*.

Cela est possible, mais cela n'est pas certain. Ici encore, il est licite de considérer deux hypothèses :

1° Les lois de l'immanence sont vraies.

2° Elles sont incertaines, et on ne doit pas les admettre pour servir à la constitution d'une connaissance certaine.

La combinaison de ces deux hypothèses, avec celles qui ont été formulées plus haut, permet d'envisager quatre cas distincts, qui constituent les quatre modalités possibles d'un entendement anthropomorphe.

I. La sensibilité nous fournit des images exactes, et les lois que nous propose l'immanence sont vraies. Ces deux sources peuvent être mises à contribution pour édifier une connaissance certaine. C'est l'hypothèse que les philosophes ont admis jusqu'au mouvement critique.

II. La sensibilité nous fournit des images exactes, mais les idées innées peuvent être mises en doute. Une science devra, pour présenter un caractère d'absolue certitude puiser son objet seulement dans le domaine que les sens peuvent atteindre. C'est là l'opinion la plus instinctive chez l'homme. Il est beaucoup plus complètement convaincu de l'existence d'une chose, lorsqu'il l'a vue et touchée, que par le plus subtil et le plus précis des raisonnements et des auto-analyses, lui garantissant le caractère impératif avec lequel une proposition s'impose à lui.

III La sensibilité peut être suspectée, mais les jugements *a priori* sont intangibles. Toute connaissance des objets de la nature, c'est-à-dire toute science expérimentale est entachée d'incertitude, l'homme peut seulement acquérir la certitude absolue avec une science dont les fondements sont immanents. C'est là l'hypothèse admise dans la philosophie critique, que nous avons appelée système Cartesio-Kantien. Le présent travail étudie les fondements mathématiques dans ce cas et leur degré de certitude.

IV. La sensibilité et l'immanence doivent être toutes deux suspectées et ne sauraient être admises à fournir les éléments d'une science certaine. Nous donnerons à ce quatrième cas le nom d'hypothèse du doute complet, et nous ferons, dans un travail subséquent où nous nous placerons dans ce cas, le même examen relatif aux fondements mathématiques.

.·.

La philosophie critique est l'étude de ce que nous venons d'appeler la troisième modalité d'un entendement antropo-morphe. Elle repose sur la distinction de « *l'objet en soi* », considéré sans s'inquiéter du sujet qui l'étudie, et de son image, son reflet, sa photographie, si l'on veut, fournie au sujet pensant par l'organe de la sensibilité. Cette distinction a pour but de tenir compte des différences possibles qui pourraient exister entre cet objet et cette image. C'est en somme l'expression raisonnée d'une suspicion à l'égard de la fidélité des sens et de l'expérience. Platon l'avait laissé entre-voir dans le mythe de la caverne, mais Descartes l'a le pre-mier formulée nettement en disant simplement : « Les sens nous trompent ». La suspicion, le doute, opposés au principe de l'autorité ouvrirent donc l'ère de la philosophie critique, avec Descartes pour fondateur, Nicolas de Cusan et Bacon pour précurseurs. Emanuel Kant lui donna à la fin du xviiie siècle son plein épanouissement. L'œuvre de ce philosophe a con-sisté en effet à appliquer cette suspicion aux diverses branches des connaissances humaines et à en examiner les consé-quences. Hegel enfin, pour ne retenir que les plus illustres promoteurs du système, en marque la décadence et la fin, poussant le principe jusqu'à ses dernières limites. Cette école a la prétention de ne rien admettre qui ne soit démontré. Pour parvenir à ce résultat fort audacieux, Descartes brandit l'étendard de la révolte contre le témoignage des sens, comme la première des causes d'erreur. Mais il était profondément convaincu de la vérité des principes métaphysiques... et d'ailleurs de bien d'autres choses encore ; aussi crut-il avoir assez fait et se hâta-t-il de rétablir à la place de l'ancienne une base nouvelle pour « rebâtir en dix pages » (1) l'édifice qu'il eût frémi de voir ébranlé. Il proclame donc : *Omne est verum quod clare et distincte percipio* (2). Le principe des jugements innés, des *ideæ innatæ* était posé.

Kant, quoiqu'il s'en soit défendu, reproduit les idées cartésiennes. Tous les philosophes, d'ailleurs, qui ont exposé la doctrine connue sous le nom de philosophie critique, agissent exactement de la même façon ; après avoir affirmé que le côté objectif des choses « reste toujours problématique pour « l'homme » (3), ils s'inclinent respectueusement devant les idées innées, non empiriques, auxquelles ils reconnaissent « le caractère de nécessité que l'on ne peut tirer de l'expé- « rience » (4). Ils ne cherchent pas d'autre preuve que celle-ci : ces jugements sont vierges de toute souillure expérimentale. Pourtant, il ne suffit pas d'avoir proclamé avec véhémence l'impureté de l'origine sensible, et d'avoir vigoureusement flétri la filiation expérimentale pour réhabiliter par cela même toute autre source... Les principes innés ne sont pas d'extraction expérimentale, donc ils sont vrais... D'où proviennent-ils ?... Peu importe, ce n'est pas des sens. Les philosophes critiques admettent en agissant ainsi un principe aussi peu démontré assurément que la fidélité des sens, qu'ils repoussent avec tant d'horreur. Ce principe est la *possibilité et même la nécessité de jugements certains*. En vertu de ce principe seulement, ils pourraient procéder par élimination et conserver les idées innées, après avoir chassé les autres : Les idées sensibles sont incertaines, or il en existe de certaines, donc elles seront innées, ou *a priori*, diraient-ils alors. En vérité, lorsque l'on a mis en doute l'existence de son propre corps, il semble assez peu conséquent d'admettre d'emblée un aussi formidable principe que la mineure de ce syllogisme. Ce qui semble plus grave encore, c'est de le faire après s'être engagé à « ne jamais

(1) FONSEGRIVE : *Essai sur la connaissance*, p. 121.
(2) DESCARTES : *Les Principes de la Philosophie*, 1re partie.
(3) *C. R. Pure*, p. 78 (voir page 13, note 1).
(4) *C. R. Pure*, p. 50 (voir page 13, note 1).

« recevoir aucune chose pour vraie que je ne la connusse évi-
« demment être telle » (1), ce qui aurait du avoir pour résultat de faire admettre la quatrième hypothèse ou doute complet.

En réalité, la plupart des philosophes critiques ont la foi.
Kant croit profondément comme Descartes. Il est tellement
convaincu « de l'impossibilité où est la raison pure, en
« désaccord avec elle-même, de trouver la paix dans le
« scepticisme (2) » qu'il fait de cette affirmation le titre
même d'un des chapitres de sa Critique. Il lui faut une base
pour étayer cette croyance sans laquelle il ne trouverait pas
la paix. L'immanence la lui fournit, il la proclame intangible
et sacrée. Il en a besoin pour y trouver l'impératif catégorique
avec lequel il solutionnera le problème : « Supposé qu'une
« volonté soit libre, trouver la loi qui est capable de la déter-
« miner nécessairement (3). » Il en a encore besoin pour
y trouver « *les jugements synthétiques a priori* » dont il veut
faire le fondement des mathématiques. Il ne faut pas se dissimuler, en effet, la complète identité dans le système kantien
de la source des connaissances morales et de celle des connaissances exactes. C'est au fond par cette identité que Kant
échappe à l'imputation d'incohérence et de contradiction entre
sa « Raison Pure » et sa « Raison pratique ».

§ 2. Division du travail.

Depuis que Kant a définitivement formulé l'exposition dogmatique du système de la philosophie critique un siècle a passé.
Siècle fécond entre tous, il a reculé les limites de toutes les
branches des connaissances humaines, en particulier des mathématiques. La théorie des fondements de cette science proposée
par l'école critique peut-elle être prise en considération aujour-
d'hui ? c'est ce que nous nous proposons d'examiner ici. Notre
travail a pour but d'analyser et de critiquer la notion de
« jugement synthétique *a priori* ». Disons d'ailleurs tout de
suite que nous la croyons défectueuse ; néanmoins les mathé-

(1) DESCARTES : *Discours de la Méthode.* 2ᵉ partie, 1ᵉ Règle.
(2) *C. R. Pure*, p. 590 (voir page 13, note 1).
(3) *C. R. Pratique*, p. 47 (voir page 13, note 1).

matiques nous paraissent atteindre la certitude apodictique la plus absolue et mériter le nom de *sciences exactes*. C'est ce que nous exprimerons en disant : Les mathématiques sont constituées par un ensemble de jugements présentant le maximum de certitude compatible avec les ressources dont dispose l'entendement humain.

Notre petit travail comporte trois chapitres ;

I. Examen philosophique de la doctrine de l'innéisme.

II. Examen mathématique de la doctrine de l'innéisme.

III. Aperçu de l'état actuel de la question des fondements mathématiques.

L'examen philosophique sera fait successivement à un point de vue psychologique et à un point de vue logique.

L'examen mathématique sera fait à un seul point de vue, car il n'y en a qu'un.

Les deux premiers chapitres viseront spécialement l'exposition kantienne du système de la philosophie critique, car ainsi que nous l'avons dit, c'est ce philosophe qui lui a donné son entier développement et son plein épanouissement (1).

Nous essayerons, d'abord, d'esquisser l'histoire psychologique du système et de narrer les étapes de son développement, c'est-à-dire de reconstituer la mentalité du philosophe lorsqu'il élabora sa théorie. Puis nous examinerons, non pas le caractère synthétique des principes mathématiques « qui, selon « Kant, semble avoir échappé aux observations des analystes « de la pensée humaine (2) ». Ceci sortirait de notre sujet, qui est d'examiner l'influence sur les fondements mathématiques, et, partant, sur la certitude de cette science, de l'hypothèse critique, où est admise l'existence d'un recueil de lois fonda-

---

(1) Les citations du texte de Kant présentées ici sont indiquées en se référant aux traductions françaises suivantes : *Critique de la Raison pure* (C. R. Pure), traduction de MM. Trémesaygues et Pacaud, un vol. in-8°, Paris, Alcan, 1905. — *Critique de la Raison pratique* (C. R. Pratique), traduction de de M. Picavet, un vol. in-8°, Paris, Alcan, 1900. — *Prolégomènes à toute métaphysique future* (Prol.), traduction des élèves de l'école normale, un vol. in-12, Paris, Hachette, 1891. A ce sujet, nous devons signaler le détail de terminologie suivant : Les traducteurs des textes de Kant que nous citons (spécialement pour la raison pure) ont pris les mots : *intuition* et *intuitionner* dans le sens et comme synonymes des mots : *observation* et *observer*, *étude* et *étudier*, *examen* et *examiner*.

(2) C. R. Pure, p. 49.

mentales déposé « a priori » dans notre entendement et constituant un code intangible. Cette question a du reste été traitée avec une abondance qui ne laisse rien à dire de plus et une perfection qui ne permet de rien dire de mieux (1). Nous attaquerons simplement l' « apriorité », autrement dit : l' « innéisme » ou l' « immanence » des principes mathématiques.

Nous plaçant successivement à deux points de vue différents pour réaliser cet examen, nous le ferons d'abord en philosophes, c'est-à-dire par les procédés mêmes de dialectique en usage dans la raison pure. Nous reprendrons la doctrine de l'innéisme ou de l'immanence en la soumettant à une rigoureuse critique, sans nous inquiéter encore des modifications que les découvertes modernes pourraient lui imposer. Cette première partie pourrait s'appeler, soit « analyse *a priori* » ou si l'on veut « critique interne », soit simplement « examen théorique » ou mieux « rationnel ».

Ensuite, nous le ferons en mathématiciens, c'est-à-dire que nous chercherons si la doctrine est compatible ou non avec les découvertes mathématiques du dernier siècle. Cette deuxième partie pourrait s'appeler, soit « analyse *a posteriori* » ou si l'on veut « critique externe », soit simplement « examen pratique » ou mieux « expérimental ». En forme de conclusion, nous donnerons un rapide aperçu de l'état actuel de la science, quant aux fondements des sciences exactes.

§ 3. Remarque. L'exposé Kantien est seul visé ici.

Le présent travail n'a pas pour but de montrer l'absurdité de l'hypothèse qui simultanément admet pour vraies les données de l'immanence et rejette les témoignages de la sensibilité. Nous voulons étudier ce que devient dans cette hypothèse, la certitude mathématique, en l'état actuel de cette science.

Si nous avons pour cela principalement visé l'exposition qui est faite de l'hypothèse et de ses conséquences dans les

___
(1) En particulier dans le brillant article de M. COUTURAT (*Revue de Métaphysique et de Morale,* mai 1901).

écrits de Kant, c'est parce que là elle se trouve faite complètement. Nous ne saurions nous permettre d'attaquer de front
Descartes, le fondateur de la philosophie critique. Pour appliquer
à cette hésitation le procédé que l'on verra nous être habituel,
nous remarquerons : a priori, il faudrait une audace que nous
ne nous sentons nullement, pour entrer en lice sur le terrain
mathématique avec le fondateur de la géométrie analytique. A
posteriori, et après examen de son système, nous constatons que
Descartes sut se mettre hors de portée de toute attaque en
situant nettement son hypothèse et en fournissant ses raisons
d'y adhérer.

Il faudrait pour s'en rendre compte reprendre toute son
œuvre (1). Nous nous contenterons de le trouver dans l'exposé
où il a condensé sa doctrine, la première partie de ses « Principes de la philosophie » (2). Au début, il formule le doute
universel, point de départ de la philosophie critique. Si un
instant il consent à l'appliquer aux principes mathématiques,
« encore que d'eux-mêmes ils soient aussi manifestes », c'est
seulement « pour ce qu'il y a des hommes qui se sont mépris
« en raisonnant sur de telles matières ». En réalité, il ne veut
pas douter des fondements mathématiques, nous verrons pourquoi plus loin. Mais de suite il prévoit que ce doute
mène directement à l'hypothèse idéaliste de Hegel :

« Pendant que nous rejettons en cette sorte tout ce dont nous
« pouvons douter, et que nous feignons même qu'il est faux,
« nous supposons facilement qu'il n'y a point de Dieu, ni de
« ciel, ni de terre, et que nous n'aurons point de corps...... »

Ensuite, vers le milieu de l'exposé, il pose le principe des
idées innées : « Mais il est certain que nous ne prendrons
« jamais le faux pour le vrai tant que nous ne jugeons que de
« ce que nous apercevons clairement et distinctement, » et
il donne sans tarder la raison de son adhésion : « Parce que
« Dieu n'étant point trompeur, la faculté de connaître qu'il
« nous a donnée ne saurait faillir. » On peut rapprocher ceci

----

(1) En particulier la 4e méditation ; l'analyse qu'en fait M. Hamelin aux pages
162 et sq. du *Système de Descartes*. (1 vol. in-8°, Paris, Alcan, 1911).
(2) Les citations seront tirées de la version française.

de sa fameuse démonstration du principe de l'inertie, en mécanique (1).

Enfin Descartes termine cette première partie des Principes de la Philosophie en affirmant : « que nous devons préférer « l'autorité divine à nos raisonnements, et ne rien croire *de ce* « *qui n'est pas révélé*, que nous ne le connaissions fort claire- « ment. »

Ce correctif apporté à l'énoncé absolu du principe fondamental du Discours de la Méthode, résout la difficulté que nous avons signalée (page 5) et dissipe toute contradiction en justifiant pleinement Descartes.

.·.

A ce sujet, qu'il nous soit permis de faire une remarque qui semble avoir échappé à bien des rationalistes et dont la méditation eût atténué l'aigreur de leurs attaques contre les promoteurs d'une doctrine révélée. L'adhésion, à une religion considérée comme d'origine et d'enseignement divin, ne peut être suivie du corollaire libéral dont se targuent les libres penseurs : « Je donne cette opinion pour mienne et non pour bonne. » A celui qui affirme : « Je crois en tel Dieu, qui a ordonné telle chose », si l'on dit : « taisez-vous pour un instant, laissez cela, et examinez avec moi l'hypothèse contraire, il répondra comme saint Pierre et saint Jean : « *Non enim possumus non loqui* (2) ». Telle est bien la mentalité de Descartes. N'écrivit-il pas à un de ses amis : «... Encore que mon opinion « ne soit pas que toutes les choses qu'on enseigne en Philo- « sophie soient aussi vraies « que l'Évangile... (3) » décelant ainsi sa foi en cet évangile.

Est-ce à dire que la croyance religieuse soit incompatible avec la suspicion de la sensibilité et de l'immanence, ou tout au moins de la partie de cette source d'où sont censées sortir les mathématiques? Cette conclusion serait absurde. Nous

(1) *Principe de Philosophie*, ·· partie, vers le milieu.
(2) *Actes des Apôtres*, IV, 19-20.
(3) 12 septembre 1638. Citée par Hamelin (Système de Descartes), page 11.

avons l'intention de le montrer dans une étude subséquente. Seulement la mentalité du croyant est particulièrement préparée à admettre sans discussion ce qu'elle considère comme des vérités primordiales.

Quoi qu'il en soit, Descartes ne juge pas les idées innées. Il les admet et montre qu'il reste logique avec lui-même. Il trouvait du reste peut-être plus intéressant d'inventer la géométrie analytique, qui a permis les découvertes du calcul différentiel et intégral, et décuplé ainsi pour ne pas dire plus, le domaine des mathématiques, que de ratiociner à perte de vue sur ses fondements. Kant s'est livré à ce travail plus approprié à son génie, c'est pourquoi nous nous en prenons à lui.

CHAPITRE PREMIER

EXAMEN PHILOSOPHIQUE DE L'INNÉISME

§ 1. Genèse « a posteriori » des principes.

Quoique cette expression constitue un réel paradoxe verbal, nous dirons que l'existence des principes *a priori* se révèle à Kant de façon fort *a posteriori* : *Les jugements synthétiques a priori* n'apparaissent pas dans une analyse méthodique de l'entendement humain, c'est-à-dire faite *a priori*, sans rien présumer des résultats obtenus par l'esprit humain. Au contraire, ils sont imposés après coup par l'existence des mathématiques. Kant ne songe pas à mettre en doute l'irréprochabilité de cette science : « Comment la mathématique pure « est-elle possible? Qu'elle le soit, cela est démontré par sa « réalité (1) », déclare-t-il en toute simplicité. Il ne démontre, il ne prouve, il n'établit jamais la certitude des mathématiques. Il y croit aveuglément et il se contente de proclamer avec une sorte de véhémence cette certitude. Il ne cherche pas même par quelques réflexions à justifier sa réputation. Elle est au-dessus de tout soupçon. Nous avons déjà remarqué que lorsque l'on doute de l'existence de son propre corps, c'est faire preuve d'une étrange crédivité.

Elle constitue donc le fait primordial dont il prétend déduire l'immanence. « Cette faculté qui ne s'appuie pas sur l'expé-« rience ne suppose-t-elle pas un principe de connaissance « *a priori* qui, s'il est profondément caché, pourrait au moins « se manifester par ses effets (2)? » Ce n'est donc pas parce que les jugements synthétiques *a priori* sont intangibles que l'esprit humain a pu s'élever à la certitude, c'est parce qu'il a atteint cette certitude que les principes sont intangibles.

(1) *C. R. Pure*, p. 55.
(2) *Prol.*, p. 53.

Comme Descartes, Kant est un croyant, ce n'est pas seulement pour sa méthode dialectique, qu'il a pu être appelé, à juste titre, le dernier des scolastiques. Il est aussi dogmatique par le fond que par la forme de son raisonnement. Il veut bien que l'on démolisse, mais à la condition de rebâtir. Il croit en Dieu. Au milieu de longues dissertations destinées à réduire à néant toutes les preuves de l'existence de Dieu, passées, présentes ou futures, il pousse ce cri de profonde et sincère conviction : « La raison ne peut être tellement abaissée, par le « doute d'une spéculation subtile et abstraite, qu'elle ne doive « être arrachée comme à un songe à toute indécision sophis- « tique... pour s'élancer vers l'auteur suprême et incondi- « tionné (1). »

Nous avons mis en parallèle ces deux groupes d'idées immanentes, prises par Kant, comme base des deux certitudes auxquelles il veut croire. « L'impératif catégorique » n'est pas plus mis au jour par une analyse subjective du sujet conscient, que « les jugements synthétiques *a priori* ». Kant est très moraliste, il trouverait « immoral » que la morale n'eût pas une base solide. C'est pourquoi il en proclame intangible le principe : « La loi morale est un principe *formel* de détermination de « l'action (2). »

Il semble en vérité s'être proposé la singulière gageure de renverser l'ordre normal des choses. Nous aurons occasion de retrouver, dans quelques détails, ce curieux procédé qui devient une véritable forme de mentalité. Du caractère certain des mathématiques, il déduit la certitude de leurs axiomes fondamentaux. De l'impératif catégorique, il déduit Dieu comme postulat de la moralité. La marche suivie est habituellement inverse. Après avoir établi l'existence de Dieu, on en conclut à l'existence de devoirs imposés par lui. De même, après avoir montré le caractère certain des axiomes mathématiques, on conclut à la possibilité de cette science comme exacte.

(1) *C. R. Pure*, p. 510.
(2) *C. R. Pratique*, p. 134.

§ 2. Médiocrité des connaissances mathématiques de Kant.

a) Leur caractère en général élémentaire.

Quoi qu'il en soit, le caractère certain des mathématiques est au-dessus de tout soupçon pour le vieux philosophe de Kœnigsberg. Cette science lui apparaît comme « une con- « naissance importante, vérifiée, qui porte en elle une certi- « tude complètement apodictique, c'est-à-dire une réalité « absolue (1). » Il avait été conduit à cet acte de foi par une voie psychologique, facile à reconstituer. A l'instar de tous les grands philosophes, il avait tenu à méditer sur la seule branche des connaissances humaines honorées du qualificatif de « sciences exactes », c'est-à-dire les mathématiques. Seulement pour en réaliser une étude fructueuse, il faut pénétrer jusqu'au cœur de la place. Il ne faut pas se contenter d'entr'ouvrir la porte pour y jeter un furtif coup d'œil. L'entendement le plus lucide s'assimile les subtilités de la vraie rigueur mathématique au bout seulement d'une initiation dont les étapes peuvent être plus ou moins rapidement franchies, mais jamais supprimées.

Des raisons didactiques, engendrées par la nature de l'entendement humain, obligent à présenter d'abord les sciences sous une forme extrêmement simplifiée. La réalité est plus complexe. La simplification est donc obtenue aux dépens de cette complexité. Les manuels de physique élémentaire donnent la loi de Mariotte et Boyle comme exacte. Il est curieux de voir ensuite les restrictions apparaître peu à peu, nous la montrant comme approchée seulement. Enfin la thermodynamique s'élève à la formule rigoureuse. En histoire, il est impossible d'indiquer dans un premier aperçu l'entière complexité des causes déterminantes d'un événement. Il faut les schématiser. Ceci est obtenu aux dépens de l'exactitude. Il en est de même en mathématique. Nous en signalons un cas un peu plus loin, mais il est inutile de multiplier les exemples (2).

(1) *Prol.*, p. 53.
(2) Page 22. Constance du rapport de la circonférence au diamètre.

Or, Kant ne s'est pas élevé au-dessus des mathématiques très élémentaires. Il n'a pas abordé les questions subtiles et délicates dont l'examen nécessite une longue initiation, mais qui sont au fond le véritable objet des mathématiques. Ses études n'ont pas atteint l'analyse, ou calcul différentiel et intégral, qui conduit à la notion d'infiniment petit et permet d'aborder la géométrie infinitésimale, sans laquelle il est impossible de « construire rigoureusement » l'espace géométrique. Il n'avait pas non plus étudié la théorie générale des équations et des fonctions (en un mot l'algèbre supérieure). Seule cette connaissance peut ouvrir des horizons sur le plus subtil et en même temps le plus indispensable de tous les concepts mathématiques : « la continuité ». Cette notion il est vrai, a été entièrement renouvelée (le mot n'est pas exagéré), au cours du xixe siècle. Les très récents travaux de M. Cantor, en particulier, l'ont placée dans un jour absolument nouveau. Mais elle avait fait l'objet des méditations des mathématiciens depuis Euclide, et l'ère des recherches nouvelles était déjà ouverte avec quelques mémoires de Lagrange. La continuité est la base de la notion de grandeur, objet exclusif des mathématiques, puisque « la connaissance des mathématiques peut uniquement « se rapporter à des grandeurs (auf Quanta) » (1).

Les recherches qu'une certaine probité aurait dû lui faire étudier avant d'en disserter, et qui auraient évité à Kant beaucoup des erreurs où il est tombé, étaient déjà en si bonne voie lorsqu'il écrivit, qu'à peine quelques années après la publication de ses œuvres, les critiques les plus amères furent déchaînées contre lui. Une très remarquable brochure de M. P. Mansion (2) nous renseigne sur l'opinion de Gauss à ce sujet, et ce qui est particulièrement intéressant, rapporte les dates où cette opinion fut émise par fragments successifs. On y voit en germe la théorie de Lobatschefski et de Bolyaï, ce qui permet d'affirmer que Kant formula son système, précisément lorsque le développement de la science mathématique allait le contredire formellement, car la nouvelle orientation

(1) *C. R. Pure*, p. 569.
(2) *Sur deux erreurs mathématiques de Kant. — Annales de la Société scientifique de Bruxelles.* 1907. t. XXXI, 1re partie, pp. 243-245.

qui devait provoquer cette contradiction commençait à se dessiner et la notion moderne de grandeur à se dégager peu à peu.

b) 1er Exemple. La notion de grandeur chez Kant.

Le philosophe de Kœnigsberg se fait une singulière idée de cette notion de grandeur, pourtant primordiale. « Nul ne peut définir le concept de la grandeur sinon en « disant qu'elle est la détermination d'une chose qui permet « de penser combien de fois l'unité est contenue dans cette « chose (1). » La confusion entre les deux notions de grandeur et de nombre (apparue déjà dans le mot « quanta » pour traduire grandeur) est flagrante. Or, précisément, tout est dans cette distinction. Nous répéterons avec M. Couturat : « On se « demande alors comment on a jamais pu arriver à la notion « de grandeur continue (2). » Kant a voulu la déduire du discontinu par un artifice inadmissible. On donne de même en mathématique élémentaire l'illusion d'une démonstration, lorsque l'on établit la constance de π par les polygones inscrits et circonscrits, sans avoir enseigné la subtile théorie des limites.

Il y a plus : Cette origine du concept grandeur étant unique, il en faut déduire aussi les grandeurs complexes. Or le procédé simpliste échoue en ce cas et la proposition « Il n'y a en effet, « que le seul concept de grandeur qui se laisse construire, « c'est-à-dire représenter *a priori* dans l'intuition (3) », ne se trouve que partiellement vérifiée.

Certes Descartes avait vu, et combien nettement ! la double modalité du concept de grandeur, lorsqu'il écrit par exemple : « La science mathématique est une science générale qui « explique tout ce que l'on peut trouver sur l'ordre et la « mesure (4). » La solution des problèmes d'ordonnance est obtenue au moyen des nombres proprement dits, et celle des

(1) *C. R. Pure*, p. 254.
(2) Couturat, *loc. cit.*, p. 353.
(3) *C. R. Pure*, p. 589.
(4) Descartes : *Recherche de la vérité* (édition Cousin, t. XI, page 223).

problèmes de mesure au moyen des grandeurs. Cette dualité, pourtant fondamentale, avait complètement échappé à Kant.

Assurément la grandeur arithmétique, ou même la simple grandeur algébrique, à la condition de ne pas trop l'approfondir, « se laisse construire ». Mais il nous paraît que les « Variétés » étudiées dans l'« analysis situs » doivent être plus rebelles, si l'on ne fait pas appel à un procédé de généralisation plus ou moins subtil, dont Kant ne semble pas avoir soupçonné la nécessité. Cela est pourtant indispensable pour certaines grandeurs, surtout si on ne les choisit pas comme appartenant au « groupe » des grandeurs ordinaires et qu'elles aient en particulier plus de trois dimensions. Nous pouvons, du reste, signaler, comme refusant de se « laisser construire », les grandeurs imaginaires, fort bien connues et étudiées à la fin du xviiiᵉ siècle. Sans réaliser pratiquement cette construction dans les divers cas, sans nous indiquer toute la série des artifices susceptibles d'être mis en œuvre pour y arriver, il aurait fallu tout au moins nous faire entrevoir une méthode générale, ou seulement sa possibilité.

c) 2ᵉ Exemple, la notion de triangle.

Nous allons prendre encore un autre exemple, plus accessible, peut-être. Il nous paraît révéler, non seulement une méconnaissance, mais une réelle incompréhension des mathématiques. Qu'on veuille bien excuser la sincérité de notre appréciation, mais il nous est impossible de nous exprimer autrement sans aller contre notre pensée. Un grand nombre des comparaisons choisies par Kant sont empruntées à la géométrie très élémentaire du triangle. Nous relevons parmi elles cette phrase ; « toute proposition géométrique, par exemple qu'un triangle « a trois angles, est absolument nécessaire (1) » or, l'affirmation « un triangle a trois angles » est non pas une proposition, c'està-dire un théorème, mais une définition. Il est donc étrange de se poser la question « est-elle nécessaire? » Un triangle est

(1) C. R. Pure, p. 491, et cf. l'opuscule paru en 1791 sous le titre *Progrès de la métaphysique.*

(nous appellerons cette définition « A ») la figure obtenue en joignant trois points deux à deux par des droites. Kant est du reste d'accord sur ce point, puisqu'il voit dans le triangle « le « concept d'une figure enfermée entre 3 lignes droites (1) ». Cette définition est d'ailleurs défectueuse et s'applique plutôt à la surface du triangle. Quoi qu'il en soit, puisque les trois lignes « renferment une figure », c'est qu'elles forment un contour, il est surérogatoire d'ajouter comme différent : « et dans cette « figure le concept d'un nombre égal d'angles (2) », (nous appellerons « B » cette propriété d'avoir trois angles) ; « Le « concept d'angles est contenu dans la notion de droites qui « se coupent, or, comment pourrait-on renfermer un espace si « elles ne se rencontraient pas (3) ? »

Au lieu de la définition « A » on aurait pu adopter « C » : « le triangle est une figure formée par l'association de trois « droites d'un plan ». Il serait alors rationnel de se demander si « C » entraîne « B », tandis qu'il était absurde de n'avoir pas vu que « A » entraîne « B » et que l'énoncé simultané « A » et B est un pléonasme. Mais le problème « *C* » *entraînerait-il* « *B* » ? s'énoncerait, — et là est précisément la condamnation de Kant — : « trois droites d'un plan forment-elles forcément un triangle ? »

Étymologiquement, « A » ou son équivalent « B » sont les seules convenables pour triangle ou trigone, car ce mot exprime précisément « B ». Si l'on voulait adopter « C », il faudrait dire « trilatère » et encore pourrait-on trouver que ce mot postule « B » en excluant des côtés non limités. On arriverait ainsi au mot « trirectiligne ». Kant s'est donc trompé en prenant « A » et en ne voyant pas qu'il impliquait « B ». L'excuse qu'il a simplement manqué de précision et pensait en réalité « C » lui échappe du reste, comme nous le verrons par la suite, car la proposition (ceci en est bien une) « *C* » *entraîne* « *B* » est fausse (4).

.·.

(1) *C. R. Pure*, p. 569.
(2) *C. R. Pure*, p. 570.
(3) Couturat, *loc. cit.*, p. 360.
(4) Page 57.

A la vérité nous pourrions redouter ici le grief de pédantisme. Peut-être nous accusera-t-on de vouloir, parce que nous représentons le mathématicien, écraser par une fausse supériorité le philosophe pur dans la personne de Kant. En particulier, peut-être trouvera-t-on que le dernier exemple est d'une subtilité inutile. Nous ferons simplement observer qu'il nous paraît légitime de réclamer d'un auteur la connaissance de son sujet. Nous ne croyons pas faire davantage. Au demeurant, ce ne sont pas les mathématiciens qui nous attaqueront, ils savent assez le poids d'un simple mot pour voir un abîme entre les énoncés « A » et « C ». Les mathématiques ne sauraient procéder par à peu près. Nous sommes disposés à nous incliner devant la suprématie de la philosophie et à lui rendre, au nom des mathématiques, acte de foi et hommage. Mais il nous serait pénible de voir notre corporation abandonner le bénéfice des longues méditations et du travail considérable nécessaire pour pénétrer dans son essence intime la science mathématique, en cédant la gloire d'en révéler la structure, d'en proclamer la certitude, à un philosophe qui s'est contenté d'en examiner superficiellement les débuts. C'est peut-être une grande erreur de croire qu'un examen de ce genre pouvait être avantageusement fait par des mathématiciens, et que leurs connaissances leur seraient de quelque utilité. Nous en voulons trouver l'excuse dans l'aveu même de Kant. « Le public a toujours conçu de « grandes espérances sur l'habileté des mathématiciens t ates « les fois qu'ils ont voulu se mettre à l'œuvre... Ils ont à peine « philosophé sur leurs mathématiques (une entreprise difficile « d'ailleurs) (1). »

Ceci posé, nous nous contenterons d'affirmer qu'il serait facile d'apporter d'autres exemples à l'appui de notre jugement sur les notions mathématiques de Kant, ce que nous avons dit, et les autres cas qui trouveront place dans ce travail pour d'autres raisons doivent suffire, nous l'espérons. Ils nous montrent quel processus psychologique a amené Kant à formuler l'acte de foi vis-à-vis des mathématiques. Plein de bonne volonté il avait voulu s'éclairer sur leur valeur. Il commença

____

(1) *C. R. Pure*, p. 575.

cette étude, et fut édifié par la belle simplicité, la lumineuse logique, qui semble se dégager des premiers livres de la géométrie, il généralisa cette impression et supposa que plus on avançait dans les progrès de cette science, plus elle gagnait en simplicité, en luminosité et partant en certitude. Il y eut donc foi.

§ 3. Origine de l'objet des sciences mathématiques.

a) Il est tiré des concepts de temps et d'espace, ceux-ci sont subjectifs et innés.

A cette foi, il fallait une base intangible et sacrée. Nous savons qu'il la trouve dans les « *Jugements synthétiques a priori* ». C'est le nom qu'il donne aux axiomes, principes, postulats, définitions, sur lesquels les mathématiciens ont coutume d'étayer leur science. Parmi tous ces concepts et jugements, qui font en quelque sorte l'assise fondamentale, le soubassement de l'édifice, il s'en distingue un. Nous l'avons appelé à juste titre primordial. Les autres se groupent autour de lui. C'est la *notion de grandeur*. Kant, en avait, nous l'avons vu, une idée assez simpliste. Cette notion il la déduit des concepts de temps et d'espace, qui par conséquent doivent être strictement intuitifs, c'est-à-dire, car nous avons pris dans notre rédaction ces trois qualificatifs comme équivalents, innés, ou immanents, ou *a priori*. Donc pour faire l'analyse, ou plus exactement la critique, des théories kantiennes, nous examinerons d'abord le double concept spatial et temporel. Restant pour le moment, suivant notre programme, sur le terrain purement philosophique et dialectique, nous allons montrer le rôle capital de ce concept dans le système kantien et le dégager avec précision. Nous en critiquerons les attributs et nous verrons où il a conduit Kant lui-même, c'est-à-dire à des contradictions. Nous tâcherons enfin d'apercevoir les conséquences contenues en germe dans cette théorie et dont l'idéalisme de Hegel nous présente l'épanouissement final.

Le rôle de ce double concept est en effet capital : « L'espace « et le temps sont les intuitions dont la mathématique pure

« fait le fondement de toutes ses connaissances et de tous ses
« jugements... La géométrie prend pour fondement l'intuition
« de l'espace... l'arithmétique crée de même ses concepts de
« nombres par addition successive des unités dans le temps (1). »
Cette notion, pour posséder le caractère d'absolue certitude,
sera donc immanente : « C'est une représentation nécessaire
« *a priori* qui sert de fondement à toutes les intuitions (2). »

Pour Kant, le temps et l'espace — non seulement leurs concepts mais eux-mêmes — sont des formes de l'intuition sensible. « Ce ne sont pas des concepts empiriques dérivant d'une
« expérience quelconque » (3), mais au contraire, « par cela
« même que ces représentations sont des intuitions *a priori,*
« il est prouvé qu'elles sont de pures formes de notre sensibi-
« lité (4). » Cette définition est du reste devenue proverbiale,
et nous n'avons pas besoin d'y insister. Les moins informés
connaissent la qualité subjective donnée au temps et à l'espace
dans la théorie kantienne.

Le caractère de ces deux concepts est donc une absolue
subjectivité. En outre, ils sont *a priori,* et cela seul leur assure
leur valeur. Ils ne se sont pas développés dans l'entendement
à la suite de l'observation d'un certain groupe d'objets, ils
auraient alors une genèse *a posteriori,* tout en pouvant rester
absolument subjectifs. Kant s'élève avec force contre une
semblable manière de voir. Dans ce cas, en effet, la géométrie,
par exemple, qui n'est autre chose que l'étude de l'espace,
serait entachée dans son objet lui-même de l'incertitude
inhérente à toute expérience.

Cette détermination d'apriorité, tous les jugements innés ou
immanents la possèdent évidemment, puisque c'est leur définition même, mais ils ne sont pas pour cela forcément subjectifs.
C'est-à-dire que si l'homme les trouve inscrits d'avance sur
le code ou recueil des jugements innés dont il n'a qu'à prendre
conscience à l'intérieur même de son entendement, ils ne sont
pas inscrits là seulement, ils le sont aussi, objectivement, sur

(1) *Prol.,* p. 58.
(2) *C. R. Pure,* p. 66 et 72.
(3) *C. R. Pure,* loc. cit.
(4) *Prol.,* p. 58.

le code absolu où sont les lois de toute chose. Les notions de temps et d'espace, au contraire, tout en étant *a priori*, c'est-à-dire préexistant à toute opération de l'entendement, existent, d'après Kant, seulement à l'intérieur de cet entendement, et il ne leur correspond aucun objet réel. Il semblerait donc d'ores et déjà illogique que la mathématique, ou science dérivée de ces concepts, ait une portée générale, comme les philosophes de l'école critique l'ont toujours affirmé. Mais sans envisager cette raison *a priori*, nous allons voir plus loin que l'examen de la nature de ces concepts oblige à leur retirer tout caractère subjectif. Nous aurions pu en vérité nous dispenser de cet examen et passer sous silence le caractère subjectif des notions de temps et d'espace : il ne rentre pas directement dans la question des « fondements mathématiques dans l'hypothèse de l'innéisme intangible », mais il lui est suffisamment lié pour qu'il soit intéressant d'en parler. Remarquons du reste en passant que jamais Descartes, tout en creusant beaucoup plus profondément l'hypothèse de l'idéalisme que Kant, ne tomba dans cette lourde erreur (1).

b) **Critique du caractère subjectif des concepts temps et espace.**

On verra plus loin ce qu'il reste de l'*apriorité* des concepts spatiaux et temporels. Nous allons d'abord établir qu'ils ne peuvent être absolument subjectifs. Chose singulière, Kant lui-même nous fournit tous les arguments. Nous le combattrons en nous appuyant sur ses propres textes. Le profond philosophe n'a pu échapper au germe d'erreur contenu dans sa théorie, ou peut-être espérait-il qu'en les énonçant lui-même, on n'oserait lui opposer les objections où se heurte son système.

.·.

Notre argumentation se résume en quelques mots. Un des concepts peut être imposé nécessairement au sujet observant

(1) Cf. à ce sujet V. HAMELIN (*loc. cit.*), tout le chapitre XVI, pages 235 et *sq.*

par l'objet observé. Jamais inversement. Une série d'observations d'un même objet, observé par une collection de sujets observateurs, peut comporter nécessairement l'un des concepts. Inversement, il peut y avoir une série d'observations d'une collection d'objets par un même sujet ne comportant pas l'un des concepts avec la même nécessité. « L'espace sert de fon-« dement à toute intuition extérieure... On ne peut jamais se « représenter qu'il n'y ait pas d'espace... Il est la condition « de possibilité des phénomènes... Il leur sert de fondement « d'une manière nécessaire... (1). » Pour le temps, Kant est tout aussi formel : « Le concept de changement, et aussi celui « de mouvement, n'est possible que par et dans le temps... « S'il n'était pas une intuition a priori, *nul concept, quel qu'il* « *soit,* ne pourrait rendre intelligible la possibilité d'un chan-« gement (2). » Dans toutes ces phrases, un attribut de l'objet oblige l'action d'observation, ou d'intuition, à comporter l'une des notions. Jamais Kant ne dit : « c'est la condition nécessaire d'intuition pour les entendements de telle ou telle espèce. »

Cela signifie que les concepts spatiaux et temporels (si toutefois ils appartiennent au sujet observeur et non à l'objet observé) sont absolument indispensables pour l'observation de certains objets, quel que soit le sujet observeur. Ils sont imposés à l'entendement par la nature de l'objet et ne sont pas imposés à l'objet par l'entendement du sujet.

Kant exprime fort nettement qu'à défaut du concept temps, le sujet est conduit à voir une contradiction, c'est-à-dire une absurdité, dans tout changement. « Ce n'est que dans le temps « c'est-à-dire successivement, que deux déterminations contra-« dictoirement opposées peuvent convenir à un même « objet (3). » S'il n'en avait lui-même fait l'aveu, il serait aisé d'établir la nécessité tout objective d'un concept temporel pour l'observation de certains phénomènes. Nous allons, du reste, le faire en nous servant du texte kantien, pour bien montrer que cet aveu ne lui a pas échappé involontairement. Le principe de contradiction s'énonce : « Quel que soit le con-

(1) *C. R. Pure,* p. 66.
(2) *C. R. Pure,* p. 74.
(3) *C. R. Pure,* p. 74.

« tenu de notre connaissance et de quelque manière qu'elle
« puisse se rapporter à l'objet, la condition universelle de tous
« nos jugements est qu'ils ne se contredisent pas eux-mêmes (1). »
Tout objet changeant est forcément l'origine de deux jugements contradictoires au moins : ceux qui attribuent à l'objet
les propriétés dont la diversité constitue le changement. Grâce
au concept de temps, nous dirons : ces jugements contradictoires sont ceux qui attribuent à l'objet les propriétés « pré-
cédant » et « suivant » le changement. Leur diversité *en soi*
est bien objective. Il n'y a pas moyen de voir là une conséquence de la nature du sujet. Ce n'est pas la faute de l'observateur, si l'objet a changé.

Nul entendement ne peut observer de semblables objets s'il
n'est nanti d'un concept particulier, dont la possession constitue en quelque sorte une mentalité spéciale et permet
d'assister sans étonnement à un changement. Sans lui l'observation du changement est impossible et le sujet se heurte à une
absurdité. « Le temps est la condition formelle *a priori* de tous
« les phénomènes en général... l'espace l'est des phénomènes
« extérieurs (2). »

En résumé, les concepts de temps et d'espace sont imposés
au sujet par la nature même de certains objets qui ne sauraient
être observés par le sujet en question s'il n'est muni de ces
concepts. Le temps et l'espace relèvent donc de l'objet, et leur
certificat d'origine d'exclusif subjectivisme peut être légiti-
mement suspecté. Nous sommes ici encore en conformité avec
les règles tracées par le philosophe lui-même : « Le phéno-
« mène a toujours deux faces, l'une où il est considéré en soi-
« même, indépendamment de la manière de l'intuitionner,
« l'autre où l'on a égard à la forme de l'intuition de cet objet,
« laquelle doit être cherchée non pas dans l'objet lui-même,
« mais dans le sujet auquel elle apparaît (3). » Or, le temps
et l'espace sont bien imposés par certains objets. Ils sont
nécessaires « indépendamment de la manière dont se fait

(1) *C. R. Pure*, p. 185.
(2) *C. R. Pure*, p. 75.
(3) *C. R. Pure*, p. 78.

l'intuition », et sans avoir égard à sa forme. Ils relèvent donc de l'objet et non du sujet.

*

L'attribut de subjectivisme, conféré par le philosophe de Kœnigsberg aux concepts de temps et d'espace, l'a entraîné à formuler diverses assertions présentant entre elles de fâcheuses contradictions.

Nous avons vu Kant reconnaître le caractère d'absolue nécessité du concept « temps » pour procéder à certaines observations. Sans lui : « *nul concept, quel qu'il soit,* ne saurait « rendre intelligible la possibilité d'un changement » (1). Or, il prend lui-même avec cette proposition la singulière liberté de la phrase suivante (le moi est envisagé ici comme objet présentant des changements) : « Si je pouvais m'intuitionner « moi-même ou si un autre pouvait m'intuitionner sans cette « condition de sensibilité, les déterminations que nous nous « représentons comme des changements, nous donneraient « une connaissance dans laquelle on ne trouverait plus de « représentation du temps ni par suite de changement (2). » Si c'est pour trouver à la place du changement une contradiction, c'est-à-dire une absurdité, la remarque perd son intérêt. Or, nous avons enregistré l'aveu que sans le concept temps on était acculé à cette expectative.

Après en avoir affirmé l'impossibilité, Kant envisage donc l'hypothèse d'un entendement capable d'intuitionner un phénomène changeant, sans cette condition, et il tire des conclusions de sa réalisation possible.

*

Il nous semble du reste apercevoir dans la conception kantienne une erreur infiniment plus grave encore. Dans le cas qui nous occupe, il s'agit, comme nous l'avons signalé, du

---

(1) C. R. Pure, p. 74 (déjà cité).
(2) C. R. Pure, p. 77.

sujet conscient lui-même, pris comme objet de l'intuition. C'est le seul phénomène qui puisse être intuitionné directement. C'est le seul pour lequel il ne peut être fait de distinction entre le phénomène et le noumène. La sensibilité (c'est-à-dire les sens) ne peut jouer aucun rôle dans l'auto-intuition du moi-conscient, car c'est un acte de la pensée pure. Il est inutile de passer en revue ici tout ce qui a été dit sur la question depuis l'antiquité. Or, Kant, bien qu'envisageant la possibilité du contraire, proclame la nécessité où nous nous trouvons d'avoir recours au concept temporel pour mener à bien cette auto-intuition. Si le temps est réellement la forme de l'intuition sensible, il en résulterait que nous sommes dans la nécessité de faire appel à la sensibilité dans l'énoncé : « Je pense, donc je suis. » L'excuse en même temps que la genèse de cette flagrante erreur est la suivante : persuadé de l'impossibilité *en général* d'observer un phénomène sans avoir recours à la sensibilité, et de l'incertitude à l'égard des images que nous fournit cette sensibilité, Kant oublie qu'il se trouve ici dans le seul cas où ce principe est en défaut. La loi : « L'entendement peut seulement atteindre l'image, l'objet en soi lui échappe » hypnotise Kant. Il ne voit pas l'exception unique : « Le concept du *moi conscient* est confondu avec la *chose en soi*. » L'absurdité d'un rôle joué par les sens dans un acte de la pensée pure, bien qualifié, n'est pas assez éclatant pour l'arracher à son illusion.

c) Critique du caractère à priori des concepts temps et espace.

Il nous reste à examiner le caractère inné, ou immanent, ou a priori des concepts de temps et d'espace. Voici ce qu'il est permis de dire à ce sujet : le temps *en soi* a une réalité objective, comme condition de possibilité du changement, il est aussi objectif qu'un objet changeant. Seulement, de même qu'aux objets réels peuplant le domaine absolu, correspondent leurs images, qui n'ont qu'une existence subjective, « *coram intuitu intellectuali* » (1), à ce temps réel peut correspondre un con-

(1) C. R. Pure, p. 259.

cept subjectif. Celui-ci peut alors être défini « la forme de toute intuition sensible ». De la même façon que le temps *en soi* préexiste aux phénomènes qu'il contient, le concept du temps, cette forme de l'observation sensible, peut dans l'entendement précéder toutes les images fournies par la sensibilité. Cette hypothèse n'est pas absurde, elle est seulement arbitraire. Tout ceci pour l'espace aussi bien que pour le temps, en mettant le mot « mouvement » à la place du mot « changement » ; mais alors ce concept parfaitement subjectif et *a priori* pourra varier d'un sujet à l'autre, comme l'on est incertain si tous les hommes voient les couleurs de même. Ce concept ne saurait donc à aucun prix servir de base à une science apodictique et universelle, si un travail de généralisation n'arrive pas à lui enlever son caractère relatif.

Il est d'ailleurs beaucoup plus logique de supposer les concepts de temps et d'espace comme *a posteriori* dans l'entendement, c'est-à-dire provoqués par la vue et la perception des images subjectives résultant ou non d'objets extérieurs réels. Rien en effet n'étaye, nous venons de le dire, l'affirmation toute gratuite de l'apriorité des concepts ; par contre, au cas où l'entendement ne les posséderait pas *a priori*, la vue des dites images les ferait naître en lui. De plus, on pourrait considérer comme singulier, si les concepts sont *a priori*, que leurs attributs coïncident avec ceux des concepts que provoquerait la perception des images, ce qui est nécessaire pour que ces concepts soient utilisables.

Mais, puisque l'on peut supposer que toutes ces images sont des illusions, et qu'il faut rejeter tout ce qui vient d'elles pour entrer dans la constitution d'une connaissance certaine, la certitude mathématique s'évanouit alors, si réellement elle repose simplement sur ces deux concepts. Il est vrai que l'auto-perception du moi-conscient, seule « image » confondue avec « son objet », et par conséquent sûrement pas illusoire, nous conduit au concept de temps. Celui-ci devrait être pris comme seule base des mathématiques en négligeant le concept spatial. Cette base unique et devenue *a posteriori* puisqu'elle résulte d'une certaine expérience, serait pourtant absolument certaine. Nous verrons par la suite le parti que l'on peut tirer de cette situation.

d) **Conséquence du point de vue kantien : l'idéalisme de Hegel.**

Telles sont les conséquences néfastes auxquelles conduit la théorie de la subjectivité du temps et de l'espace. Doit-elle être définitivement abandonnée ? Non. Il existe un moyen de la sauver, quoique fragile et incertain pour le temps, mais suffisamment solide pour l'espace. Ce moyen s'appelle Hegel. Il faut alors, à la vérité, sortir complètement de la doctrine de la Critique.

Kant voit dans la sensibilité un organe de transformation dont il admet l'infidélité possible. Poussons les choses à l'extrême, décrétons que c'est un organe de création ; sa fonction sera de peupler notre entendement de concepts, d'idées auxquels ne correspond, dans le domaine objectif, absolument rien. C'est bien lui reconnaître le maximum d'infidélité. Non seulement il modifie des choses existantes, pour en fournir des images fausses, mais il donne des images de choses inexistantes ; c'est le comble de l'inexactitude.

Dans cette hypothèse, le temps et l'espace restent subjectifs, et partagent en cela le sort commun. Si toutefois, l'inévitable réalité du sujet n'entraîne pas celle du temps. Alors la seule issue est irrémédiablement fermée. Nous avons vu qu'il en est du reste ainsi ; par le moi conscient il est possible d'établir l'existence du temps *en soi*, mais, il est vrai, cette démonstration est stérile pour l'espace. Au demeurant, nous ne voulons pas approfondir cette restriction. Nous accorderons généreusement la légitimité de l'hypothèse de la subjectivité universelle.

Cette négation du monde objectif est le fond de la philosophie de « l'idéalisme pur » avec Hegel pour maître. Il la résume dans une phrase : « Ce qui est rationnel est *seul* réel, « et ce qui est réel est rationnel (1). » Cela signifie : Les idées existent et rien n'existe en dehors des idées, ou si l'on veut :

---

(1) « *Philosophie du droit* », p. 6, reproduit dans la « *Logique* », tome 1, page 184. Il s'agit ici de la « *Logique* » de l'encyclopédie (traduction VERA, fort médiocre), 2 vol. in-8°. Paris, Alcan, 1873 ; l'autre *Logique*, de HEGEL, la plus importante, celle où il pousse le plus loin ses divagations sur le principe de contradiction n'a pas été traduite.

le domaine extérieur est un mythe, seuls les concepts ont une réalité. Nous n'avons pas besoin de faire ressortir l'arbitraire d'une semblable proposition. Pourtant elle n'a rien de contradictoire en elle-même; on ne saurait établir qu'elle est fausse. Elle a donc le droit d'être agréée comme hypothèse, ainsi que l'a fait Descartes (car il n'est nullement indispensable de lui adjoindre les absurdes corollaires que développe Hegel) (1), mais on ne peut l'admettre comme un principe démontré et vérifié.

Avec elle seulement, la subjectivité du temps et de l'espace *en soi* est viable. Il n'y a du reste aucune découverte nouvelle à voir dans Hegel l'aboutissant de Kant. Par lui la théorie kantienne, si elle est ramenée à n'être qu'une hypothèse curieuse, n'est du moins plus contradictoire. Malheureusement Kant s'est fermé cette seule porte de sortie. De toute sa philosophie se dégage une profonde croyance à l'existence du monde extérieur. Il reconnaît ne pouvoir le démontrer avec certitude, mais il n'en veut pas douter. C'est là une impression qui ne se dément pas un instant à sa lecture et dont nous trouvons aisément l'expression formelle : « Avec notre théorie, dit-il, il « n'y a plus de difficulté à admettre l'existence de la matière... « et à la tenir pour tout aussi bien démontrée que l'existence « de moi-même comme être pensant... les choses extérieures « existent donc tout aussi bien que j'existe moi-même (2). »

Or là précisément est l'erreur. Nous avons vu que Descartes a fort bien compris que l'aboutissant ultime de la suspicion de

---

(1) Dans le domaine de la pensée pure, le principe de contradiction est sans force. On peut admettre, pour un objet fictif, les attributs les plus contradictoires. L'absurdité n'apparaît qu'à la réalisation pratique, à la « construction » de l'objet envisagé. Pour Hegel, la fiction seule existe, aussi il déclare froidement que les contraires sont toujours possibles. La justification de cette affirmation donne lieu à des développements absolument fabuleux. Il y a en particulier certaines variations sur le thème « Thèse, Antithèse, Synthèse » où il se grise de mots, un peu comme Victor Hugo, lorsque ce magnifique artiste du langage s'avise de « penser » La qualification de « Jocrisse à Pathmos » donnée par Louis Veuillot à Victor Hugo est véritablement méritée par Hegel. La possibilité des contraires est le principal corollaire absurde de « l'idéalisme » de Hegel, mais ce n'est pas le seul. En passant, remarquons que l'hégélianisme est provoqué par la contemplation malsaine à force d'être absorbante, des idées opposées aux phénomènes. Platon avait poussé cette distinction aussi loin que Kant sans pour cela y introduire un germe mortel, alors que ce dernier devait aboutir à Hegel, c'est-à-dire sombrer.

(2) *C. R. Pure*, p. 346.

nos moyens d'investigation intellectuels (la sensibilité d'abord) était l'idéalisme ou doute de l'existence réelle du monde extérieur. S'il en est sorti, et s'il s'est arrêté sur la pente, c'est par un acte de volonté formel, qu'il n'a jamais cherché à dissimuler. Il n'eut en aucun cas la naïveté d'écrire : « Avec mon système,... on ne risque pas de faire fausse route. » Il eut au contraire la franchise d'avouer : « Je ne vais pas plus loin, parce que ma croyance en Dieu, qu'il ne me plaît pas de discuter, me dit de m'arrêter là. »

§ 4. Conclusions.

Donc, enfin, le temps et l'espace, considérés « *en soi* », sont subjectifs, dans l'hypothèse hégélienne seulement, car elle englobe toute chose dans une universelle subjectivité. Toutefois, un objet lui échappe, c'est le sujet lui-même, et par lui le temps. Mais nous avons consenti à glisser sur cette objection, puisque Kant s'est d'avance défendu l'entrée de cette hypothèse où sa théorie pouvait trouver place.

Les « concepts » de temps et d'espace, inconfondables avec le temps et l'espace « en soi » sont forcément subjectifs ; on peut admettre alors qu'ils sont immanents, mais c'est une hypothèse toute gratuite et probablement fausse. Il est plus normal de les présumer « *a posteriori* » et de les supposer introduits dans l'entendement par l'observation de phénomènes qui les imposent.

A la rigueur, dans l'idéalisme pur de Hegel, le temps et l'espace confondus avec leurs concepts et supposés a priori, peuvent servir de fondement à la science mathématique et donner lieu à des jugements certains, mais sans valeur universelle, puisque rien ne saurait en avoir. Dans le second cas, une science basée sur ces concepts a posteriori, ne peut avoir non plus un caractère universel. En dehors de ces deux théories, aussi aléatoires l'une que l'autre, le temps et l'espace sont des choses réelles dont le concept est fourni par l'expérience. Toute connaissance qui les prendrait comme point de départ serait à juste titre baptisée « Science expérimentale ». Si donc réellement « l'espace et le temps sont les intuitions dont la mathé-

« matique pure fait le fondement de toutes ses connaissances
« et de tous ses jugements (1) », nous sommes acculés à proclamer cette proposition : « *La mathématique pure est une
science expérimentale.* » Mais alors, nous ne pouvons espérer
atteindre par son intermédiaire à la certitude apodictique. Or
c'est là une chose inadmissible. Jusqu'ici rien ne nous permet
de suspecter les résultats de cette connaissance et nous sommes
en tout cas loin de la proposition de Kant lui-même : « la mathé-
« matique fournit le plus éclatant exemple d'une raison pure
« qui réussit à s'étendre d'elle-même et sans le secours de
« l'expérience (2). »

Cette critique purement dialectique et philosophique nous
a révélé l'inanité des idées de Kant sur les fondements de la
mathématique. Nous n'avons point à la vérité établi que ces
fondements ne sont pas des jugements synthétiques *a priori*.
Nous avons seulement prouvé ceci : Ou ils découlent des concepts spatiaux et temporels, alors ils sont *a posteriori*, ou ils
n'en découlent pas. Dans un cas comme dans l'autre, l'échafaudage édifié par le profond professeur de l'université de
Kœnigsberg est gravement ébranlé.

(1) *Prol.*, p. 58 (déjà cité).
(2) *C. R. Pure*, p. 567.

CHAPITRE II

EXAMEN MATHÉMATIQUE DE L'INNEISME

§ 1. Préliminaires.

L'analyse a priori de la théorie kantienne, que nous avons terminée au précédent chapitre nous a conduit assez loin. Nos conclusions ont été assurément peu favorables au philosophe allemand. Mais enfin, nous nous sommes tenus sur le terrain plus ou moins subtil de la dialectique et de la discussion abstraite. Dans cette deuxième partie, dans l'analyse a posteriori où nous mettrons directement le philosophe aux prises avec les réalités mathématiques, nous trouverons toute la brutalité écrasante des faits pratiques. Nos attaques seront plus vigoureuses, car il s'agit ici de relever des erreurs non plus de tendance mais de résultat.

Nous allons d'abord constater que les principes fondamentaux des mathématiques ne sauraient être ni synthétiques ni a priori. Nous irons plus loin : ce ne peuvent être des jugements. Ils sont en effet absolument *sans portée,* nous pourrions presque dire : ils sont faux. Les mathématiques ne sauraient reposer sur un certain nombre de jugements ; c'est à une origine tout autre qu'elles doivent leur caractère certain.

Comme toujours, nous allons d'abord examiner la question *a priori,* c'est-à-dire théoriquement et sans entrer dans les détails. Ensuite nous la traiterons pratiquement, c'est-à-dire en pénétrant complètement dans le détail des attributs et des conséquences de quelques-uns des jugements indiqués par Kant comme « synthétiques *a priori* » et fondements de la connaissance mathématique.

Notre démonstration portera simplement sur trois cas particuliers spécialement choisis. Il suffirait, du reste, de prouver la fausseté d'un seul jugement à priori pour renverser le système.

§ 2. Analyse théorique des jugements synthétiques a priori.

a) La nature des jugements.

En se plaçant au point de vue de la philosophie critique, qui est du reste le point de vue habituel, la notion de grandeur, tirée ou non des concepts de temps et d'espace, ne suffit pas à elle seule pour édifier toute la science mathématique (1), il faut y adjoindre un certain nombre de notions plutôt bâties à l'aide de définitions, que déduites du concept général de grandeur. Tels sont les concepts de ligne droite, d'angle, etc..., en géométrie, ou les concepts d'opération : addition, soustraction, etc... en arithmétique ; de fonctions : algébrique, exponentielle, logarithmique, etc., etc., en algèbre. Tels sont les principes généraux comme le postulatum d'Euclide, l'égalité du degré des points à l'infini d'une surface avec le degré de cette surface elle-même... etc..., en géométrie ; les axiomes comme : deux quantités égales à une troisième le sont entre elles, toute fonction continue a une primitive, mais pas forcément de dérivée, etc., etc..., en algèbre. C'est à ces concepts, à ces principes dont nous avons choisi quelques-uns absolument au hasard, que Kant donne le nom de « *jugements synthétiques a priori* ».

Le mot « jugement » convient évidemment à des principes, à des axiomes, des postulats, etc... et il est normal d'en étudier la certitude. En l'appliquant aux mots notions, concepts, conceptions, etc... nous avons en vue la proposition implicitement contenue pour énoncer la possibilité du concept envisagé, ou même les propriétés fondamentales qui peuvent être analytiquement contenues dans sa définition.

La notion d'angle plus ou moins grand nécessite comme pos-

(1) Nous verrons en effet dans un travail subséquent à celui-ci, et ayant pour titre : *La certitude mathématique — II. Les fondements mathématiques dans l'hypothèse du doute absolu*, comment il est possible de constituer des procédés permettant de fonder la connaissance mathématique sur la seule notion de grandeur. Seulement, le point de départ différera alors considérablement de celui qui est suivi en général.

tulat « l'espace est isotrope », c'est-à-dire toutes les droites rayonnant autour d'un point sont identiques, sans quoi les deux « côtés » de l'angle étant différents, sa notion s'évanouirait. Dans un espace non isotrope, il resterait toujours des figures formées par l'intersection de deux droites, on pourrait toujours les dénommer des « angles ». Mais, supposons que l'on puisse encore envisager un mouvement de rotation d'une droite, autour d'un point (la droite se déformant, par exemple, plus elle s'éloigne de sa position primitive, à cause de la non-isotropie) il en résultera que la notion de ce que nous pouvons appeler par analogie un angle « très grand » sera toute différente de celle d'un angle « très petit ».

Il en est de même pour la plupart des définitions. Elles impliquent, afin d'être viables, un ou plusieurs postulats. Ceci paraît avoir échappé à Kant, mais comme il n'en peut résulter le moindre inconvénient pour son système, nous ne lui chercherons pas chicane sur ce point et nous admettrons que dans la liste des « jugements synthétiques a priori » il comprenait avec les principes indémontrés explicitement exprimés, ceux implicitement contenus dans les définitions ou au cours du développement d'une théorie quelconque.

b) Ils ne sont pas synthétiques.

D'abord la qualification d' « analytiques » conviendrait mieux à certains d'entre eux. En effet « dans les jugements « synthétiques, je dois partir du concept donné, pour considé- « rer en rapport avec lui quelque chose d'entièrement différent « de ce qui est pensé de lui » (1). Or, la plupart de ces principes mathématiques, sont déduits de quelques notions fondamentales où ils sont implicitement contenus, et : « on n'ajoute rien « au concept du sujet... mais on ne fait que le décomposer par « l'analyse en ses concepts partiels, qui ont déjà été, *bien que* « *confusément*, pensés en lui (2). » Ce qui est précisément la définition kantienne du jugement analytique. Ainsi, la notion de

(1) C. R. Pure, p. 186.
(2) C. R. Pure, p. 46.

ligne droite nous semble comprise déjà, au moins confusément, dans la notion d'espace, de même, la notion de grandeur en général paraît comporter en germe les axiomes du genre : le tout est plus grand que la partie. Si alors ces notions sont considérées comme synthétiques, les jugements devront être dénommés analytiques. Il en résulterait que, si on accordait le caractère de certitude aux seuls jugements synthétiques, on en trouverait un nombre inférieur à celui habituellement admis. Nous n'insisterons pas sur le caractère analytique ou synthétique des jugements. Cette étude a du reste été faite maintes fois, et de façon fort complète et définitive. D'ailleurs, la question sort un peu de notre sujet. Nous voulons examiner comment Kant justifie le caractère certain des mathématiques par l'immanence, et si son explication est admissible ou non sur ce seul point. Nous ne nous sommes pas proposé de faire une étude complète de la philosophie des mathématiques et d'analyser les attributs qu'il accorde aux éléments de cette science ; « l'apriorité » des jugements synthétiques a priori doit donc seule nous intéresser, et non leur « synthétisme ».

c) Ils ne sont pas a priori.

Nous allons maintenant anticiper sur les trois paragraphes suivants, et en indiquer les résultats. Ils nous apprendront que des recherches d'un ordre spéculatif pur ont démontré l'inanité, dans ledit domaine de la spéculation pure, des principes fondamentaux des mathématiques. Ceux-ci ont vu se dresser en face d'eux des jugements opposés, ou tout au moins différents, pour servir de base à des théories en quelque sorte rivales, dont le développement se déroule avec la même majesté que la série des vieux théorèmes. Les anciens ne sont pas détruits au profit des nouveaux, mais les deux peuvent être également vrais. « La mathématique, raison pure qui s'étend d'elle-même « sans le secours de l'expérience » (1), a le droit de choisir parmi les divers « systèmes » de principes. Chacun donne naissance en l'appliquant à une notion de grandeur appropriée, à un « Système » de mathématiques.

(1) C. R. Pure, p. 667 (déjà cité).

Les conséquences sont funestes pour Kant.

Nous avons dit que le caractère d'*apriorité* ne pouvait pas suffire à assurer à un principe l'intangibilité. Rien ne peut en effet s'opposer à la suspicion des résultats de l'immanence. Ces derniers ne sont pas plus vérifiables que les résultats de l'observation sensible. Parmi les quatre modalités possibles d'un entendement anthropomorphe que nous avons examinées dans les préliminaires, la troisième n'est nullement la seule admissible. Pourtant nous nous sommes placés dans cette hypothèse puisque nous examinons les fondements mathématiques dans ce cas. Donc sans revenir sur cette question, nous nous contenterons d'affirmer que les jugements de Kant ne sont pas a priori.

Les jugements donnés par Kant, comme « synthétiques a priori », définissent l'un des systèmes dont nous venons de signaler l'existence et parmi lesquels la raison pure est en droit de choisir. Or, ce sont précisément ceux qui régissent les rapports de l'espace et des nombres dans le système réalisé par l'univers. Cela tient à ce que le seul système étudié au temps de Kant était celui que présente l'univers. Ces jugements pourraient aussi bien être différents et s'appliquer à un autre système. S'ils étaient réellement innés, c'est-à-dire a priori, nous serions en droit de nous étonner et nous pourrions presque attribuer au hasard cette concordance entre l'expérience et l'immanence qui doit en être indépendante. Elle aurait précisément choisi les mêmes résultats alors qu'elle pouvait faire autrement, et ceci d'une infinité de façons, il y aurait là une coïncidence inadmissible. Donc, les jugements ne sont pas *a priori*, ou *innés*, ou *immanents*.

d) Conclusions.

Quoi qu'il en soit de leur nature, *analytique* ou *synthétique*, *a posteriori* ou *a priori*, Kant leur reconnaît, et là est le point important, un caractère de certitude absolue, de généralité complète. Ceci veut dire : ces principes ne peuvent en aucun cas être faux. Leurs contraires conduisent forcément à des résultats absurdes. Pourtant nous venons de dire, et nous verrons qu'au cours du xix⁰ siècle ces contraires ont été envisagés sans rien donner d'absurde. Ils ne sont pas faux, mais ils n'ont que la valeur que l'on veut bien leur accorder, suivant le système mathématique étudié. Ils peuvent revêtir l'énoncé inverse avec une souplesse qui doit les disqualifier complètement.

Énoncer les principes fondamentaux de la mathématique, revient en somme à indiquer de quel système on va parler. Ces principes sont, si l'on veut bien nous permettre cette expression, des « étiquettes » servant à classer les divers systèmes mathématiques. Ce caractère tout relatif est opposé au sens attribué par Kant au mot « jugement ». Selon lui, c'étaient des propositions apodictiques, hors desquelles il ne peut y avoir de salut possible.

Nous sommes donc en droit d'énoncer : « LES JUGEMENTS SYNTHÉTIQUES A PRIORI DE KANT NE SONT NI JUGEMENTS, NI SYNTHÉTIQUES, NI A PRIORI. »

§ 3. Analyse pratique des jugements synthétiques a priori.

a) Préliminaires.

Il nous reste maintenant à tenir nos engagements et à réaliser notre analyse.

Kant n'a pas énuméré tous les « *jugements synthétiques a priori* ». Il en a simplement examiné explicitement quelques-uns. Nous ne porterons pas non plus notre étude sur la totalité d'entre eux. Nous en choisirons trois. Ces trois exemples, nous verrons fort nettement comment ils s'évanouissent, et de quelle façon ils cessent d'être, au sens propre du mot, des jugements. Le texte des deux premiers, sur lesquels nous nous étendrons un peu, nous est fourni par les « Prolégomènes ». Nous les y avons choisis de préférence, parce que dans cet ouvrage, où Kant a condensé la substance de sa doctrine, les erreurs se trouvent sous une forme pour ainsi dire plus ramassée et plus précise, dégagée des incidentes qui les enveloppent dans le texte indigeste de la Critique.

Le premier est le jugement par lequel est formulée la propriété fondamentale de l'espace, d'avoir trois dimensions. Le second exprime l'existence des figures symétriques non superposables. Nous citerons le troisième seulement pour clore la question soulevée plus haut au sujet du triangle. C'est la proposition que nous avons appelée « C » : trois droites d'un plan forment toujours un triangle.

b) 1ᵉʳ **Exemple : Les trois dimensions de l'espace.**

« L'espace total a trois dimensions, et l'espace, en général,
« ne peut en avoir lui-même un plus grand nombre. C'est là
« une conséquence de cette proposition qu'en un point ne
« peuvent se couper plus de trois lignes à angle droit. Mais
« cette conception ne peut se déduire de concepts. Elle repose
« immédiatement sur une intuition pure à priori parce qu'elle
« est apodictiquement certaine (1). »

Cet alinéa est à notre avis un véritable poème. Nous allons le disséquer minutieusement. Après avoir déclaré que les mathématiques « s'élèvent d'elles-mêmes sans le secours de l'expérience », Kant indique comme primordial le principe le plus sûrement expérimental. Puis, comme s'il voulait s'enferrer bien à fond dans son erreur, il ne donne même pas pour « à priori », le résultat abstrait de l'observation épuré par la généralisation, mais le procédé opératoire lui-même, la petite expérience pratique servant à l'établir. En outre, nous y verrons une grave faute de logique formelle et une bonne incohérence.

.·.

Avant de nous engager dans la critique du passage incriminé, nous devons à la vérité, de dire que Kant aurait pu chercher une excuse en invoquant quelques précédents mal interprétés. Leibnitz par exemple avait écrit en parlant des dimensions de l'espace : « Le nombre ternaire est déterminé,

---

1) *Prol.*, p. 62

« non pas par la raison du meilleur, mais par une nécessité
« géométrique. C'est parce que les géomètres ont pu démontrer
« qu'il n'y a que trois lignes droites perpendiculaires entre
« elles, qui se puissent couper dans un même point (1). »

La différence est que Leibnitz envisage ici l'espace réel où
le monde est placé. Il énonce une simple constatation, celle
des trois dimensions de l'espace, et pour la rendre plus tan-
gible, fait appel à la notion des trois perpendiculaires qu'il
estime plus claire. Il se contente en somme d'affirmer, ce que
bien d'autres ont fait et feront avant et après Kant : « Je ne
« vois pas de quatrième dimension, car je ne vois pas de qua-
« trième perpendiculaire. » Il ne cherche nullement à donner
à cette proposition un caractère abstrait pour en faire l'origine d'une connaissance élevée en dehors de toute expérience.
Il fait précisément le contraire puisqu'il déclare que le nombre
ternaire ne saurait être déterminé par la raison du meilleur,
ce qui devrait avoir lieu si l'affirmation de ce nombre ternaire
constituait bien une idée innée.

Nous voyons donc que le passage de Leibnitz où Kant aurait
pu chercher une excuse, se tourne au contraire contre lui,
puisqu'il déclare que le nombre ternaire ne s'impose pas
a priori, mais au contraire, résulte d'une démonstration fort
à posteriori.

Appelons D la proposition : « l'espace a trois dimensions. »

D'après D, la conception d'un espace à plus de trois dimensions est absurde. Or, il a été envisagé avec plein succès. Non
pas seulement comme un jeu stérile, mais des traités entiers
ont été composés pour en exposer les propriétés : il nous suffira
de rappeler les brillants ouvrages du colonel Jouffret (2). La
plupart des théorèmes relatifs aux propriétés des figures de
l'espace à trois dimensions ont été généralisés à quatre ou
plus de quatre dimensions. Cette généralisation se présente

(1) Essais sur la Bonté de Dieu. 3ᵉ partie, nᵒ 351.
(2) *Traité et Mélanges de Géométrie à quatre dimensions.* 2 vol. in-8ᵒ, Gauthier-
Villars.

sous une forme parfaitement complète et satisfaisante. Elle peut être réalisée par les méthodes de la géométrie pure, c'est-à-dire par le raisonnement appliqué à des figures verbalement définies, pour en découvrir les relations. Les résultats sont corroborés par le calcul. En traduisant les propriétés des figures par des relations entre grandeurs algébriques, autrement dit, en s'adressant à la géométrie analytique, la comparaison de ces grandeurs révèle de nouvelles relations qui, traduites à leur tour en langage géométrique, fournissent des théorèmes. Enfin, par les méthodes de la géométrie descriptive, on peut arriver à prendre des mesures réelles sur les solides meublant les espaces supérieurs. Leur précision est seulement limitée par celle du dessin. Il suffit pour cela, sans entrer dans le détail des opérations, de projeter les figures actuellement inaccessibles, sur des espaces à trois dimensions où il devient facile de les atteindre.

Ce contrôle réciproque des résultats de la géométrie pure successivement par le calcul et le dessin est péremptoire. La géométrie des espaces à n dimensions est définitivement entrée dans le domaine de la science. La proposition D, formulée par Kant, s'évanouit complètement.

Nous devons même signaler que l'étude des hyperespaces est devenue classique. Elle est entrée dans l'enseignement. Sans être absolument inscrite aux programmes des examens, la plupart des traités rédigés en vue des dits examens commencent à lui consacrer quelques pages.

L'existence de la science des espaces à plus de trois dimensions est donc bien acquise, et cela suffit à infirmer la proposition D prise par Kant comme le plus fondamental parmi les jugements synthétiques *a priori*. Mais nous verrons plus loin (1), et cela nous paraît beaucoup plus grave, que la connaissance mathématique, si on la considère comme s'*élevant d'elle-même par la seule raison et sans le secours de l'expérience*, est inéluctablement conduite à admettre l'existence des espaces supérieurs, et cela précisément pour des raisons que Kant connut parfaitement, dont il disserta abondamment, mais dont, avec

____

(1) Page 47.

son habileté habituelle dans la question, il a conclu exactement le contraire.

Passons à la seconde phrase de l'alinéa des « Prolégomènes » : « C'est là une conséquence de cette proposition, qu'en un point « ne peuvent se couper plus de trois lignes à angle droit. » Nous appellerons cette deuxième proposition E. Il y faut relever le caractère tautologique du raisonnement. Pourquoi dire : D parce que E, au lieu de : E parce que D. Nous ne cherchons pas ici une querelle d'Allemand. La deuxième déduction, E parce que D, est admissible, à première vue. Celle présentée par Kant est absolument absurde. Nous avons, du reste, signalé déjà sa curieuse tendance à inverser l'ordre habituellement suivi et son goût pour déduire les prémisses des conclusions. La notion des trois dimensions de l'espace se rattache directement au concept spatial, alors que celle des trois perpendiculaires nécessite au moins les trois concepts : droite, angle et perpendicularité ; ces trois concepts ne peuvent évidemment précéder celui d'espace qui, pourtant, leur succéderait, puisque son principal attribut en est une conséquence... Inutile d'insister. Le texte de Kant peut être admis en considérant la géométrie comme une science expérimentale, ainsi que le fait Leibniz dans le texte rappelé plus haut. Sa difficulté s'évanouit alors. Mais nous sommes loin dans ce cas de « l'intuition pure a priori ».

Nous venons donc d'établir que la deuxième phrase de l'alinéa était inacceptable parce que le lemme « G » : « le nombre de dimensions d'un espace est égal au nombre des droites perpendiculaires entre elles pouvant rayonner autour d'un point » et la proposition « E » : « il ne peut rayonner plus de trois perpendiculaires autour d'un point », sur lesquelles Kant veut s'appuyer pour établir D (il n'exprime pas G, mais il l'implicite), ne peuvent être mis en œuvre avant d'avoir entièrement déterminé les attributs de l'espace ; en particulier le nombre des dimensions. Ils ne pourraient, en tout cas, servir à cette détermination qu'ils supposent acquise, à moins d'opérer expérimentalement. Kant est donc condamné pour une faute contre la logique formelle.

La mathématique le condamne aussi. Nous avons provisoirement accepté la marche inverse, c'est-à-dire après avoir déterminé l'espace et lui avoir attribué trois dimensions, il serait admissible en accordant le lemme « G », d'en conclure E (trois perpendiculaires rayonnant autour d'un point). Cette marche ne contient pas un cercle vicieux. Pourtant elle doit être repoussée aussi : le lemme « G » est faux.

Nous nous sommes élevés contre l'emploi que Kant en voulait faire, car les seules règles de la logique formelle nous y autorisaient. Mais nous n'avons pas voulu de suite le révéler comme inexact, car ce résultat est dû aux investigations du xixe siècle, et avant d'édicter la condamnation de Kant pour des raisons qu'il était en droit d'ignorer, il nous a plu de montrer que des raisons purement dialectiques suffisaient.

Le lemme « G » est faux. En effet, on a pu être amené à considérer des espaces particuliers dans lesquels une droite réelle peut être perpendiculaire à elle-même. Si « G » était vérifié, l'ensemble des points de cette droite serait un espace à deux dimensions, ce qui est absurde. Inversement on a considéré des espaces où la perpendicularité est irréalisable. Ils ne pourraient alors avoir plus d'une dimension, résultat également absurde.

De la deuxième phrase de Kant, il ne reste donc rien. 1° Elle pèche contre les règles de la logique formelle ; 2° elle pèche contre les règles de la mathématique, et, sur ce point nous insistons pour qu'il ne subsiste pas d'équivoque, non seulement en affirmant un résultat inexact (E n'est pas plus vrai que D dans le domaine de la raison pure), mais parce que ce résultat s'il était vrai ne prouverait rien du tout (G est faux et il peut exister des espaces où E est vrai et D faux et d'autres où E est faux et D vrai).

Continuons :

« Mais cette conception ne peut se déduire de concepts. » Nous devons ici avouer notre impuissance à comprendre (1). La chose désignée par Kant sous le vocable « conception » nous paraît être (nous ne saurions l'affirmer, vu l'impossibilité où nous sommes de saisir sûrement le sens de la phrase) la proposition « E » des trois perpendiculaires. Ce ne peut être celle « D » des trois dimensions, si celle-ci en est une conséquence. Puisque « E » ne peut être déduite de concepts, cette proposition précède les concepts de ligne droite, d'angle en général, et d'angle droit ; pourtant il nous paraît nécessaire de posséder le concept d'une chose pour en atteindre une des propriétés. Nous nous contenterons de supposer que nous avons mal compris la phrase et son complément : « Elle repose immédiatement sur une intuition pure a priori. » Si réellement il s'agit de l'action pour ainsi dire matérielle de « tirer » trois droites, ceci serait presque pénible.

Reste enfin : « Parce qu'elle est apodictiquement certaine. » Est-ce « E » ou « D » ? peu importe. On peut énoncer les propositions inverses avec la même vérité. Ceci n'est pas absolument indiqué par l'épithète « apodictique ».

(En passant et au risque de nous faire accuser de redites) Kant écrit : La proposition est de telle nature (repose sur une intuition pure a priori) parce qu'elle est certaine, au lieu de : elle est certaine parce qu'elle est de telle nature. Toujours le renversement. Le procédé, pourtant, serait admissible à la rigueur de la part d'un mathématicien, très au courant de la valeur des divers théorèmes, et qui pourrait essayer d'en tirer quelques conclusions sur leur nature, mais de la part d'un philosophe dont le rôle devrait être de scruter la nature des théorèmes pour en assurer la valeur, il ne saurait être reçu.

⁂

Cette proposition des trois dimensions de l'espace a été choisie par Kant comme type de jugement synthétique à priori devant être placé à la base de la géométrie. Il est le plus fon-

____

(1) Le texte allemand parfaitement traduit ici est tout aussi incohérent.

damental de tous, puisqu'il doit nous révéler le principal attribut de l'espace. Une critique méthodique de l'énoncé de Kant n'en laisse rien subsister. La proposition est fausse, le raisonnement qui l'établit pèche contre les règles de la dialectique, et l'expérience le condamne.

Ce premier exemple nous montre bien comment les « jugements synthétiques a priori » de Kant s'évanouissent. Dans le domaine de la raison pure, il est stérile, mais dans la sphère de l'expérience, il garde toute sa force. L'espace où nous vivons a trois dimensions ; l'expérience des trois perpendiculaires en fait foi. Nous admettons ainsi le lemme G. Mais lui aussi est inexact et perd sa portée dans l'abstraction pure seulement. Pratiquement, on peut le conserver ; il devient alors une sorte de définition : le nombre des dimensions d'un espace est celui des perpendiculaires rayonnant autour d'un point.

Encore nous faut-il observer ici la plus grande réserve. On sait que l'hypothèse où l'espace physique aurait réellement plus de trois dimensions a été envisagée. On a d'abord supposé que notre espace avait bien trois dimensions seulement, mais était immergé dans un espace supérieur, ceci pour justifier, par exemple, des apparitions ou disparitions de matières. (Théories dérivées des phénomènes de radioactivité, par exemple, ou expériences fakiriques de création et de destruction instantanées d'objet...) On a été plus loin, on a supposé que notre espace avait quatre dimensions, dont une, infiniment petite, échappe à toute mesure directe. Suivant cette quatrième dimension, l'épaisseur de l'espace serait variable. Il lui correspondrait alors certains coefficients physiques. Exemple : la capacité électrique d'un corps serait fonction de son épaisseur dans la quatrième dimension.

Ne nous exagérons pas la valeur de ces hypothèses. Nous constatons seulement que comme toujours, un résultat de l'expérience est soumis à une contre-expérience. L'état actuel de l'expérimentation est E. Attendons une contre-expérience.

c) 2ᵉ Exemple : Le paradoxe des figures symétriques.

Notre deuxième exemple est au fond une conséquence du premier. Si Kant avait connu l'existence de l'espace à quatre dimensions et ses propriétés, il se serait abstenu d'énoncer la proposition que nous allons réduire à néant. Schématiquement, la voici : « Les figures symétriques par rapport à un « plan ne sont pas superposables. » Kant y voit un paradoxe et la présente sous ce nom. Il ne la donne pas explicitement comme étant a priori, mais, comme il est impossible d'en fournir une démonstration (car c'est une constatation), nous entrons dans ses vues en la plaçant sous la rubrique « jugements a priori ».

Avant d'indiquer le texte de son énoncé, nous ne résistons pas au désir de citer intégralement le préambule par lequel il présente la question. « Ceux qui ne peuvent encore se déga- « ger de l'idée que l'espace et le temps sont des qualités « réelles, inhérentes aux choses en soi, peuvent exercer leur « pénétration sur le paradoxe suivant, et lorsqu'ils en auront « en vain cherché la solution, libres de préjugés, au moins « pour quelques instants, ils pourront soupçonner qu'il « y a peut-être quelques raisons de faire déchoir l'espace et le « temps au rang de simples formes de « notre intuition sen- « sible (1). » Ce ton d'ironie méprisante n'est nullement exceptionnel chez Kant, il est même relativement modéré ici, à côté de certains passages. Kant ne se départit jamais de son dogmatisme doctoral et un peu pédant. C'est pourquoi l'on comprendra tout le plaisir de combattre un adversaire aussi sûr de lui et aussi convaincu de son écrasante supériorité. On y verra une excuse pour l'absence de ménagements qu'il finit par provoquer lui-même.

Le prétendu paradoxe est le suivant : « Si deux choses sont « absolument identiques, dans tous ceux de leurs éléments qui « peuvent toujours être connus, chacun à part, c'est-à-dire « dans toutes leurs déterminations relatives à la grandeur et « à la qualité, il doit s'ensuivre que dans tous les cas et sous « tous les rapports, l'une d'elles peut être mise à la place de « l'autre, sans que ce changement cause la moindre différence « appréciable (2). » Ayant émis cette proposition, du reste parfaitement exacte, Kant constate l'existence de figures géo-

(1) *Prol.*, p. 63.
(2) *Prol.*, id.

métriques (là est le paradoxe) possédant les attributs énoncés dans les prémisses et pourtant ne répondant pas à la conclusion, c'est-à-dire qui ne sont pas superposables. Ce sont les figures symétriques par rapport à un plan. Kant choisit comme exemple deux triangles sphériques, symétriques sphériquement par rapport à un grand cercle (cas particulier de la symétrie par rapport à un plan). Nous ne pouvons nous expliquer cette complication inutile, sinon en diagnostiquant un peu de pédantisme (1).

Le cas le plus familier est celui d'un objet comparé à son image dans un miroir. C'est la réalisation matérielle de la symétrie par rapport à un plan. Les deux figures sont telles, dit-il, « qu'il n'y ait rien dans la *description complète* de l'une,
« qui n'appartienne en même temps à la description de l'autre,
« cependant, l'une ne peut être portée à la place de l'autre ;
« il y a entre les deux une différence interne qu'aucun enten-
« dement ne peut indiquer comme intrinsèque, et qui n'est
« révélée que par le rapport extérieur dans l'espace (2) ».

****

Pour répondre avec netteté, commençons par voir nettement ce que le philosophe a voulu dire. Voici : Si l'espace est absolu, c'est-à-dire n'est pas inhérent à l'observateur qui l'étudie, il sera possible à ce dernier d'y donner sans ambiguïté la description complète d'une figure, sans être obligé de faire appel à un rapport extérieur non seulement à la figure elle-même mais à cet espace et relatif à lui observateur. Si au contraire il se trouve acculé à l'impossibilité de donner sans ambiguïté la description complète d'une figure, s'il ne fait appel à un attribut de sa propre personnalité, l'espace sera relatif et dépendra de cette personnalité. Or, Kant ne l'a évidemment pas démontré, mais cela est vrai, il est impossible

---

(1) D'autre part on sait qu'il exprima souvent sa stupéfaction de voir qu'il est impossible à l'homme de substituer sa main droite à sa main gauche par exemple. Sans doute trouva-t-il la remarque trop simplement présentée ainsi pour les Prolégomènes.
(2) *Prol., loc. cit.*

de préciser un « ordre de groupement », un « sens de rotation », sans faire appel à la forme propre de l'observateur. On est forcément conduit à envisager par exemple... le sens des aiguilles d'une montre... ou un homme placé de certaine façon et dont la main gauche et la main droite servent de repères (1). On peut démontrer en particulier que la description complète intrinsèque d'une figure, sauf à employer des artifices équivalents, ne peut différer de la description complète intrinsèque de la figure symétrique, si on ne fait appel à un attribut de l'observateur comme ceux que nous venons d'indiquer. Il est évident que nous avons posé un rapport externe dans l'espace, en prenant par exemple une commune mesure, ou même échelle, pour nous assurer de l'égalité des éléments de deux figures, mais la forme de l'observateur n'a rien à y voir. Remarquons du reste que ce point d'où tout dépend pour établir la relativité spatiale n'a nullement été précisé par Kant.

Donc enfin, puisque la description complète intrinsèque de deux figures symétriques est la même, et qu'on ne peut différencier sans un rapport extérieur relatif à l'observateur, il faudra pour que l'espace ne soit pas relatif, que ces deux figures soient identiques, c'est-à-dire superposables. Leur différence s'expliquera alors par la façon dont elles sont placées, par la position qu'elles occupent, question éminemment externe et où il faut s'attendre à voir figurer un attribut de l'observateur.

Cette remarque, en précisant l'énoncé du paradoxe, nous permet de rejeter deux réponses que l'on a coutume d'y faire et qui ne paraissent pas l'atteindre. La première (2) remarque simplement que deux figures doivent, pour être superposables, se composer d'éléments non seulement identiques mais disposés dans le même ordre. Nous avons vu que cette répartition ne pouvait être indiquée sans faire appel à un rapport externe relatif à l'observateur.

(1) Cf. avec la définition des sens sinistrorsum et dextrorsum d'Ampère en électricité.
(2) Voir par exemple Couturat : *loc.*, *cit.*, p. 370 et sq.

La réponse de M. Mansion (1) n'est pas plus admissible. Il part en effet de la possibilité de découper toujours un tétraèdre (et, passant à la limite, une figure quelconque) en éléments admettant un plan diamétral, et par conséquent superposables à leur symétrique. Il en conclut que deux figures symétriques sont bien équivalentes comme composées d'éléments superposables. Cela est entendu, et il fallait bien s'attendre, puisque la description complète intrinsèque des deux figures est la même, à ce qu'elles soient composées d'éléments identiques. Nous apprenons simplement ainsi quels sont en dernier ressort ces éléments, mais s'il faut découper l'une des figures pour la faire coïncider avec l'autre, le paradoxe subsiste. Pour que le paradoxe disparaisse, il faudrait les amener en coïncidence par un mouvement qui les laisse invariables, nous dirons « *inviolées* ». Au fond la superposition n'est qu'un artifice pour nous assurer de l'identité des deux figures, ce qui est notre but seul. Si nous en découpions une pour l'amener sur l'autre, nous ne pourrions pas garantir que nous avons replacé les morceaux comme ils l'étaient.

**
* **

La véritable réponse au paradoxe de Kant nous semble être celle proposée en particulier par M. Lechalas (2), car il montre simplement que les deux figures sont parfaitement superposables, c'est-à-dire identiques. Expliquons-nous. Ici encore les découvertes récentes de la géométrie nous permettent de répondre. Nous allons faire appel aux espaces à quatre dimensions dont nous avons parlé.

Kant reconnaît que la superposabilité a toujours lieu pour les figures planes. Or, deux figures planes situées dans un même plan (si elles n'y sont pas on les y met) peuvent être symétriques : 1° par rapport à un point. Dans ce cas, on les amène à coïncidence par une rotation autour de ce point. Cette opération s'effectue sans sortir du plan; 2° par rapport à une

---

(1) Étude présentée le 3 septembre 1908 au Congrès international de Philosophie de Heidelberg (Gauss contre Kant).

(2) *Étude sur l'espace et le temps* (Alcan, 1896), p. 40 et sq.

droite, dans ce cas on les amène à coïncidence par une rotation autour de cette droite, comme autour d'une charnière. Cette opération s'effectue en sortant du plan, c'est-à-dire en empruntant la troisième dimension de l'espace.

Si nous faisons de la géométrie plane exclusive, c'est-à-dire si pour nous il n'existe pas d'espace en dehors du plan où nous traçons nos figures, ce mouvement est impossible, et la superposition ne peut être réalisée. Nous serions donc conduits à voir un cas de symétrie plane où les deux figures ont même « *description complète* » et ne peuvent coïncider. C'est là le paradoxe de Kant. Nous le levons en empruntant la troisième dimension de l'espace. Kant d'ailleurs tient cette opération pour licite, puisqu'il déclare superposables toutes les figures planes symétriques. Pouvait-il faire autrement? Pouvait-on interdire le procédé pour une raison quelconque? Pourrait-on y voir un artifice inadmissible?... comme dans le fractionnement par éléments partiels. Certainement non.

Nous sommes en mesure de donner des deux figures planes, une *description* sans aucun rapport avec l'extérieur, et référant seulement leurs qualités intrinsèques. Mais nous sommes libres des moyens à employer pour réaliser la superposition. Nous acceptons pour amener réellement à coïncidence deux figures symétriques le seul cahier des charges suivant : « A aucun moment les figures ne devront subir la moindre « déformation. Elles devront toujours rester parfaitement « rigides. » Ceci étant respecté, nous sommes inattaquables. Or, il en est ainsi dans la rotation d'un plan autour d'une droite.

Pour faire coïncider deux figures symétriques par rapport à un plan, nous emploierons exactement le même procédé. Nous ferons tourner l'une des figures autour du plan dans l'espace à quatre dimensions et nous l'amènerons ainsi à coïncider avec l'autre.

Rappelons brièvement les propriétés de la symétrie des figures qui nous intéressent. Pour leur démonstration il suffit de se reporter à n'importe quel traité spécial. Nous nous contenterons de dire qu'elle est réalisée par le raisonnement seul (géométrie pure), par le calcul (géométrie analytique); et enfin si on ne peut précisément faire par la descriptive une démonstration, on en peut vérifier les conséquences, et il est possible de dessiner les différentes phases de l'opération.

On démontre que dans un espace euclidien, il est possible de faire tourner :

1° Une droite autour d'un point y situé, en lui faisant décrire un plan, et deux figures de la droite précédemment symétriques par rapport à ce point arriveront à coïncidence sans déformation, après que chacun de leurs points aura décrit une demi-circonférence.

2° Un plan autour d'une droite y située en lui faisant décrire un espace euclidien à trois dimensions, et deux figures du plan précédemment symétrique par rapport à la droite arriveront à coïncidence sans déformation, après que chacun de leurs points aura décrit une demi-circonférence.

3° Un espace euclidien à trois dimensions autour d'un plan y situé en lui faisant décrire un espace euclidien à quatre dimensions, et deux figures de l'espace euclidien à trois dimensions précédemment symétriques par rapport au plan arriveront à coïncidence sans déformation, après que chacun de leurs points aura décrit une demi-circonférence.

Enfin, en général, quoique nous n'en ayons plus besoin pour résoudre le paradoxe de Kant, — mais ce cas contient tous les autres :

N° Un espace euclidien à n dimensions autour d'un espace euclidien à $n-1$ dimensions y situé en lui faisant décrire un espace euclidien à $n+1$ dimensions, et deux figures de l'espace euclidien à n dimensions, précédemment symétriques par rapport à l'espace euclidien à $n-1$ dimensions arriveront à coïncidence après que chacun de leurs points aura décrit une demi-circonférence.

On le voit, les théorèmes précédents, en particulier le n° 3, donnent la solution complète de la question et résolvent le paradoxe de Kant. Nous voyons en effet que deux figures symétriques sont identiques et superposables et ne diffèrent que par la façon dont elles sont placées dans l'espace, question où, nous l'avons vu, il est normal de voir figurer un attribut de l'observateur.

Une autre conséquence est celle que nous avons annoncée (page 38) : nécessité d'admettre l'existence de l'espace à quatre dimensions, et sa possibilité, si on considère la mathématique comme s'élevant sans le secours de l'expérience et par la seule raison.

De même que le premier, cet exemple nous montre bien comment les *« jugements synthétiques a priori »* de Kant s'effondrent. Dans le domaine de la raison pure, où les espaces à quatre dimensions sont tout aussi réels que les espaces à trois dimensions, la proposition est stérile. Mais l'espace où nous vivons est à trois dimensions, la proposition y est vraie, et se présente comme un fait d'observation. Seulement alors nous quittons le domaine assigné par Kant lui-même, de la « raison pure sans le secours de l'expérience ».

d) 3ᵉ Exemple : La notion de triangle.

Nous avons laissé inachevées nos observations sur la remarque de Kant : cette proposition : « un triangle a tou-« jours trois angles est absolument nécessaire », nous promet-tant d'y revenir pour les clore définitivement. Ce sera l'objet de notre troisième exemple. Nous avons vu que cette phrase ne peut se justifier que par la définition vicieuse (C) d'un triangle : c'est l'association de trois droites d'un plan. Il est alors licite de se poser la question : trois droites se coupent-elles toujours ? ou : ont-elles toujours trois angles ? (C=B) ? C'est bien la question à laquelle Kant répond par l'affirmative. Mais comme son affirmation est indémontrable, elle constitue bien un : « jugement synthétique a priori ». Ceci nous offre donc encore un moyen de contrôler l'attitude des semblables jugements devant les investigations du xixᵉ siècle.

L'examen a priori, dans le domaine abstrait, de la question, nous conduit à conclure par la négative. Cette proposition vraie dans le domaine de la géométrie euclidienne, la seule connue du temps de Kant (si l'on admet les cas limites de droites concourantes ou parallèles, donnant des triangles nuls ou infinis), est fausse dans les hypothèses lobatschefskiennes. En effet dans ce cas deux droites d'un plan ne se coupent pas forcément et l'on peut envisager la figure formée par trois droites d'un plan non concourantes ni parallèles et dont l'association ne comprend néanmoins pas trois angles.

Ici encore, remarquons-le une fois de plus, si les mathématiques sont une science expérimentale, la proposition incriminée est vraie.

e) Conclusions.

Dans les trois exemples cités, nous croyons avoir tenu notre promesse. Nous avons vu se dresser en face des vieux principes, dénommés par Kant « *jugements synthétiques a priori* », des énoncés opposés pour servir de base à des théories en quelque sorte rivales. Les vieux principes n'ont pas été détruits par l'apparition des nouveaux jugements. Les uns et les autres sont également vrais. Les nouveaux ne se sont pas présentés en antagonistes formellement opposés aux anciens, et les excluant par leur existence même. Leur devise n'est pas : « Hors de moi pas de salut. » Mais ce ne peut non plus être celle des anciens dont le règne autocratique a pris fin.

Le caractère dogmatique, au sens propre du mot, c'est-à-dire presque religieux, a disparu. C'est le propre d'un dogme religieux considéré comme révélé d'être absolu et de ne pas laisser place à la « variabilité », il doit être exclusif, sans quoi ce ne serait pas un dogme et il ne serait pas révélé. Le rapprochement s'impose à tous points de vue dans la doctrine kantienne. A ces deux groupes de vérités : le dogme mathématique, et le dogme moral, il donne la même origine : l'*immanence*. L'attitude des principes posés à la suite des découvertes du XIX* siècle s'est entièrement modifiée. Ils laissent subsister les vieux « jugements synthétiques a priori » de Kant, mais limitent leur action au seul cas d'un système particulier de grandeurs, système dont l'univers nous offre la réalisation.

Pour mieux montrer la nature de cette transformation, — nous pouvons même dire, jusqu'à un certain point, de cet avilissement des fondements de la mathématique, — on voudra bien nous permettre une comparaison. Autrefois on leur attribuait un caractère de certitude absolue. En dehors d'eux aucune espèce de connaissance n'était possible. Aujourd'hui cette certitude est un peu du genre de celle du jugement suivant : « Si « Paris avait vingt millions d'habitants, ce serait la ville la « plus peuplée du monde ». En ne considérant pas les prémisses, mais le jugement lui-même, c'est-à-dire la conclusion, la certitude est intangible. Seulement le jugement inverse : « Si Paris avait vingt mille habitants, ce serait une forte « petite capitale » est tout aussi certain.

Nous avons pris comme exemple le jugement énonçant le rang de Paris dans le classement des villes. Ce jugement peut revêtir autant de formes qu'il y a de rangs à faire occuper à une capitale. Il suffit de choisir des prémisses appropriées. Mais parmi tous ces cas, l'un est particulièrement intéressant. C'est celui qui prend comme prémisses le nombre réel d'habitants fournis par le recensement. Il s'énonce : « Paris est la troisième ville du monde. » Au point de vue absolu, il n'a pas un caractère plus certain. Autrefois on le croyait seul possible, et pour cela Kant lui a accordé une origine mystérieuse et intangible : c'est l'origine *immanente* ou *innée*, ou *a priori*. Mais voulant faire de la spéculation abstraite, voulant édifier une science « sur la raison pure sans le secours de l'expé- « rience », on s'est aperçu un beau jour de la possibilité d'attribuer à la capitale un nombre d'habitants fictif. Il n'en résulte pas la moindre absurdité ; seulement le rang est déplacé.

Ces hypothèses pratiquement fausses sont-elles intéressantes ?

Dans l'exemple choisi, assurément non. La statistique peut fournir une connaissance féconde et valant d'être prise en considération, mais c'est à la condition de s'appuyer sur des chiffres réels. En dehors de cela elle est un jeu stérile et sans portée. Elle est et doit rester une des sciences expérimentales. Ces sciences pourraient être déductives si on le voulait. L'obstacle ne vient pas de la logique formelle. On pourrait faire par exemple de la médecine déductive ; voici le sens dans lequel nous l'entendons : il suffirait de poser une anatomie et une pathologie fantaisiste, on en déduirait une thérapeutique rigoureuse. Pourquoi ne le fait-on pas ? Parce que cela n'a pas d'intérêt. Le sujet est trop vaste dans le domaine réel pour s'amuser (le mot convient) à en inventer de fictifs.

Au fond, mais ce n'est guère ici la place de le dire, trop souvent on agit ainsi. Combien de théories sociales en particulier ont pour point de départ une conception a priori et forcément erronée de l'homme ! Dans les sciences dont l'objet existe réellement et s'offre directement aux investigations de l'observateur, c'est une grave faute d'en créer un imaginaire à côté. D'abord parce que c'est inutile, ensuite parce que cela peut induire en erreur. On est rapidement conduit à le confondre avec le vrai. En mathématiques il n'en est pas de même. « La « mathématique fournit l'exemple d'une raison pure qui « réussit à s'étendre d'elle-même sans le secours de l'expé- « rience (1). »

.·.

On appelle *analysis situs* une science à laquelle nous avons déjà fait allusion. Elle a pour but de classer et de comparer les diverses *grandeurs* existant dans la sphère la plus abstraite, c'est-à-dire soumise au seul principe de contradiction. On classe ces « *variétés* » de grandeurs en divers « *groupes* ». Parmi ces groupes l'un est celui des grandeurs qui mesurent tout ce qui est mesurable dans notre univers. Assurément son étude est d'un intérêt tout particulier. Il donne naissance à une sorte de mathématique pratique. C'était la seule connue à l'époque de Kant. Mais il y en a d'autres.

Les principes de Kant ne sont pas les seuls possibles. Il peut en exister d'autres. Ils sont frappés de stérilité dans le domaine général de la raison pure. Mais ils restent bons si l'on veut se placer dans les conditions définissant les prémisses adoptées par lui.

(1) C. R. Pure, p. 667 déjà cité.

Le pénétrant esprit de M. Poincaré a jeté sur la question un jour remarquable. Nous allons tâcher d'en profiter. Il a montré par plusieurs méthodes, en particulier par la fameuse conception du dictionnaire (1), le peu d'importance réelle à adopter un système de principe. Il a montré qu'au fond ils étaient tous équivalents, à la condition de faire certaines transpositions purement verbales. Par exemple en faisant correspondre au simple déplacement d'une figure dans la géométrie euclidienne, des transformations par rayons vecteurs réciproques (2), avec une sphère d'inversion appropriée, de cercles et de sphères coupant orthogonalement la sphère absolue (celle-ci étant réelle pour la géométrie de Lobatschefski et imaginaire pour celle de Riemann) on peut retrouver deux séries de théorèmes euclidiens en somme identiques à la série des théorèmes de ces deux géométries non euclidiennes. Il suffit pour passer de l'une à l'autre d'échanger certains mots suivant une sorte de lexique dressé à cet effet.

A la vérité, ceci nécessite peut-être pour être saisi une petite initiation. Nous allons essayer d'expliquer ce que cela veut dire, en langage ordinaire.

Les trois géométries envisagées diffèrent par les principes fondamentaux. Dans l'espace euclidien on pose : par un point on peut mener une seule parallèle à une droite ; dans l'espace lobatschefskien on pose : on peut en mener une infinité ; dans l'espace riemannien, on pose : on n'en peut mener aucune. La somme des angles d'un triangle est égal à deux droits dans l'espace d'Euclide, plus petit dans celui de Lobatschefski et plus grand dans celui de Riemann. Ces quelques indications doivent suffire pour apprécier la portée de ce qui suit.

M. Poincaré fait ceci ; il se place dans l'espace d'Euclide,

_____

(1) Exposée, croyons-nous, pour la première fois dans la *Revue générale des sciences pures et appliquées*, le 15 décembre 1891, sous le titre : *Les Géométries non euclidiennes*.

(2) On trouvera un exposé élémentaire de cette théorie dans le *Traité de Géométrie* de Rouché et Comberousse (2 vol., Gauthier-Villars), tome II, note 2.

c'est-à-dire admet les lois qui paraissent régir notre espace. Il y définit tout un système de figures particulières. En la circonstance, des sphères et des cercles astreints à certaines conditions (pour le moment celles-ci importent peu). Ensuite il imprime à tout son système un mouvement plus ou moins compliqué. Certains éléments se déplacent, certains se déforment, certains demeurent immobiles... etc. Tout ceci restant toujours en conformité avec les principes de la géométrie d'Euclide. Il a alors remarqué que les lois qui régissaient ces mouvements particuliers, lois toutes euclidiennes sous leur forme naturelle, deviennent précisément les lois générales de la géométrie de Lobatschefski ou de celle de Riemann, si l'on remplace les mots qui les expriment par d'autres mots. Ces mots portent sur certains éléments de figure ou sur certaines opérations auxquelles ces éléments sont soumis. On les avait définis euclidiennement, il faut leur substituer des mots définis lobatschefskiennement, par exemple, mais cela n'atteint pas le fond même des théories. Il ne s'agit pas d'un tour de force comme de rattacher *cheval* à *equus* en changeant *eq* en *che* et *uus* en *val*. La marche générale des théorèmes reste la même dans les deux cas.

On a formulé contre la découverte de H. Poincaré une objection qui nous paraît révéler une parfaite incompréhension de la question. La voici :

« Je suppose que partant d'une proposition acceptée de tout
« le monde, comme : certains nombres sont à la fois impairs
« et premiers, on tire telles conséquences logiques qu'il plaira ;
« puis pour passer de cette chaîne de déductions à une autre,
« que l'on construise le vocabulaire que voici :

« Nombre se traduira par... Homme.
« Impair . . . . Vivant.
« Premier . . . . . . Mort.

« On énoncera alors d'abord : Certains hommes sont à la
« fois vivants et morts. Puis viendra une série de propositions
« se succédant en bonne logique, comme celles dont elles seront

« la traduction. Qui songera à dire que la correspondance
« terme à terme de cette suite d'énoncés à une suite de déduc-
« tions arithmétiques garantit l'absence de contradiction dans
« les énoncés? »

A notre avis n'importe quel élève de philosophie, s'il a bien
compris la question, n'hésitera pas à l'affirmer. Il lui suffira
pour cela de remarquer que les circonstances étymologiques
qui ont déterminé la formation des termes employés pour
exprimer une connaissance sont sans influence sur cette connaissance. Il ne faudra plus en effet donner aux mots *homme,
mort* et *vivant,* leur sens habituel, mais celui défini au dictionnaire. Il est évident alors qu'une contradiction ne pourra pas
plus surgir dans la deuxième série d'énoncés que dans la
première. Seulement ce bouleversement de la terminologie est
un jeu aussi stérile que le bouleversement de la statistique
que nous avons signalé plus haut au sujet de la proposition :
« Paris occupe tel rang parmi les capitales. »

H. Poincaré n'a nullement procédé ainsi. Son dictionnaire
ne consiste pas à faire correspondre une suite de mots à une
autre suite de mots. Au contraire, la correspondance n'est
admise entre deux mots que s'il est possible d'en donner une
définition identique, tant par le genre prochain que par la
différence spécifique. Or nous ne voyons pas qu'il y ait un
artifice permettant de donner une définition qui corresponde
également aux mots *nombre* et *homme, impair* et *vivant,
premier* et *mort.*

La découverte de H. Poincaré n'a pas consisté à dire : La
géométrie de Lobatschefski ne peut comporter de contradiction,
parce que, à chacun des mots de ses énoncés, je ferai correspondre les mots d'autres énoncés qui n'amènent pas à une
contradiction. Cela serait parfaitement absurde. Elle a consisté
à montrer qu'à chaque objet de la géométrie de Lobatschefski,
on peut faire correspondre, *par une définition identique,* un
objet euclidien. Seulement cette démonstration demande
quelques connaissances mathématiques et nous avons déjà
constaté la tendance des philosophes purs, dépourvus de ces
connaissances, peut-être un peu trop ardues à acquérir, de
disserter abondamment sur les fondements et la nature de la

connaissance mathématique, dont ils ignorent le contenu. A ce sujet, qu'il nous soit permis de rapporter une anecdote personnelle. Ayant lu dans un article de philosophie pure, paru dans une grave revue, que la géométrie générale était une virtuosité de l'esprit sans portée et qu'une métaphysique sérieuse répudie, l'auteur, qui professe un cours public, et qui au demeurant est un homme fort consciencieux, érudit, et d'idées très larges, nous avoua qu'il ignorait complètement les éléments de la pangéométrie et même des mathématiques en général.

Ceci montre le peu d'importance qu'il faut ajouter à certaines théories et le soin avec lequel il convient de s'assurer de leur origine, avant de les étudier, si toutefois il est vrai qu'il soit indispensable de connaître une question pour en parler. Nous nous sommes arrêtés à l'objection ci-dessus, parce que nous croyons, en la rétorquant, avoir précisé et éclairci l'exposition que nous voulions faire de la belle découverte de H. Poincaré.

Sa portée est considérable. Après avoir étudié l'un des systèmes de grandeurs possible, celui par exemple de l'espace où nous nous trouvons, on pourra en déduire les lois des autres systèmes de grandeurs par de simples transpositions. Il devient presque inutile de choisir dès les débuts le système que l'on veut étudier puisqu'il sera en quelque sorte possible de bifurquer en cours de route, et repasser au système voisin sans remonter jusqu'à l'origine.

Ceci complète bien ce que nous avons appelé l'avilissement des principes de la mathématique. Ce ne sont plus des jugements certains reposant sur une origine intangible. Ce sont tout simplement, selon l'expression que nous avons déjà employée, des étiquettes pour cataloguer les divers systèmes. Le mot de *jugement* et le qualificatif d'*a priori* ne peuvent nullement leur convenir, au sens du moins où l'entendait Kant. Au mot *jugement* il faudrait substituer le mot *hypothèse* ou mieux *convention*. Quant aux mots *a priori* et *synthétique*, il suffit purement et simplement de les supprimer.

§ 4. Résultats des deux chapitres précédents.

La conclusion des deux critiques qui précèdent, philosophique et mathématique, peut se formuler ainsi : de l'échafaudage du philosophe allemand il ne reste rien. La condamnation de la théorie kantienne est la conclusion de l'examen critique dialectique. Elle est le résultat imposé par l'expérience. Une analyse rigoureuse en montre la complète inanité et en outre elle n'a pas résisté à l'épreuve de la mise en fonctionnement.

Remarquons-le bien, cette condamnation est double. Ce n'est pas seulement l'apparition des géométries nouvelles qui renverse l'édifice. L'analyse a priori suffit, et ne s'appuie en rien sur la possibilité de la pangéométrie.

Kant reconnaît à la science mathématique le caractère de certitude absolue, si absolue qu'il lui a fallu inventer un mot : « apodictique », pour la qualifier. Il affirme qu'elle repose sur la notion de temps et d'espace. Il justifie cette certitude en supposant cette notion innée. En ceci il n'a du reste rien inventé : il a suivi Descartes. Mais cette doctrine est fausse. Il n'en peut être ainsi, nous l'avons vu.

Les concepts de temps et d'espace nous sont imposés par le monde extérieur. Ils sont objectifs et a posteriori. L'immanence n'a rien à y voir. Nous avons fait ressortir les graves contradictions où l'entraînait sa doctrine.

La condamnation de la théorie kantienne n'est pas seulement le résultat de la critique externe faite en se plaçant sur le terrain mathématique ; si elle résultait seulement de la direction nouvelle et au fond inattendue des mathématiques au XIXᵉ siècle, nous dirions simplement : Kant a péché par manque de pénétration, il n'a pas su prévoir où se porteraient dans l'avenir les investigations des sciences exactes. Son système acceptable en son temps a cessé de l'être par suite des recherches ultérieures des géomètres du dernier siècle. Il n'en est pas ainsi. Nous ne voulons pas résumer notre étude dans la formule « la naissance des géométries nouvelles a détruit Kant ». Le premier chapitre de notre étude pouvait être écrit au lendemain de l'apparition de la « critique de la raison pure ». La pangéométrie l'aurait alors confirmé. Nous n'avons pas voulu nous priver de son robuste appui, c'est pourquoi nous avons rédigé après la critique a priori celle a posteriori. A la vérité elle précède peut-être psychologiquement l'autre. Elle la provoque, mais c'est tout. On peut faire table rase de tout le xix⁰ siècle et reprendre l'état de la mathématique à l'époque de Kant. Il y en a assez pour le condamner. Il n'a pas seulement péché par manque de pénétration, il a péché par ignorance. Il s'est mépris complètement sur la vraie nature de choses parfaitement connues à son époque. Il connaît mal la véritable essence des mathématiques. Il n'est pas le seul, c'est peut-être une excuse. Combien de philosophes ont voulu aborder sans préparation une question qui nécessite l'initiation méthodique, nous dirons même : la question qui en demande le plus. Citons un seul nom parce qu'il est celui d'un philosophe illustre : Stuart Mill. Un examen attentif de son œuvre met au jour de nombreuses idées fausses sur des points de mathématique. Assurément pour être un grand philosophe il faut une pénétration si rare qu'elle peut s'appeler géniale. Mais cela ne suffit pas, il faut encore connaître la question. Certaines erreurs, d'ailleurs, de la doctrine Kant ne résultent pas seulement de son incompétence en mathématique. L'erreur touchant le subjectivisme du temps et de l'espace relève au moins autant de la psychologie pure. Ceci est moins pardonnable.

Toute cette doctrine dont nous venons de voir l'effondrement était édifiée pour appuyer la certitude « apodictique » des mathémathiques. S'évanouit-elle aussi? Le caractère certain des mathématiques est-il un mythe ? Lui donner pour base les concepts de temps et d'espace, tels qu'ils existent dans l'entendement, c'est, nous l'avons établi, en faire une connaissance sûrement expérimentale. Elle n'est pas plus sûre alors que n'importe quelle science expérimentale. Elle serait toujours soumise à la contre-épreuve. En outre le principe du doute, qui a engendré la philosophie moderne, nous a complètement envahis. Avec Descartes nous ne voulons tenir pour vrai que ce qui est démontré être tel. Il ne nous plaît pas davantage d'accepter pour certains les résultats de l'immanence que ceux des observations sensibles. Faut-il alors proclamer la déchéance des mathématiques ? La certitude si ardemment désirée par l'esprit humain nous échappe-t-elle sur ce terrain comme sur les autres ? Avons-nous critiqué avec autant d'âpreté les idées kantiennes pour y substituer le néant d'une destruction non remplacée ? Certes non. Nous ne voulons pas encourir ce reproche. Nous le considérons comme l'un des plus graves pour un travailleur de la pensée humaine, si modeste soit-il. Il est plus aisé de démolir que de rebâtir. Les destructeurs ont à nos yeux un caractère méprisable. Seule peut les excuser la nécessité de servir l'implacable déesse : Vérité.

Nous avons critiqué le système kantien en nous plaçant successivement au double point de vue philosophique, a priori, et mathématique, a posteriori. De même nous allons montrer la certitude des connaissances mathémathiques en nous plaçant d'abord sur un terrain philosophique, par une définition de leur objet en général. Ensuite, parlant en spécialistes mathématiciens nous indiquerons quelques exemples.

CHAPITRE III

§ 1. La vraie nature des fondements mathématiques.

Les jugements mathématiques sont apodictiquement certains. Pour faire une analyse complète de la question, il nous faudrait placer ici un véritable traité de philosophie des mathématiques. Ceci sort nettement de notre programme. Nous allons seulement tracer une rapide esquisse pour faire apparaître ce caractère intangible proclamé par Kant et auquel nous souscrivons sans restriction.

Étymologiquement, Géométrie signifie mesure de la terre ; si donc nous définissons la mathématique, la Science des grandeurs servant à mesurer les attributs ou les rapports des phénomènes de l'univers, il est évident qu'il faut ranger la connaissance mathématique parmi les sciences expérimentales. Tout au plus peut-on la considérer comme la plus abstraite, celle où la raison pure joue le plus grand rôle, puisqu'elle considère les objets seulement au point de vue de leurs rapports, de leurs relations, sans se préoccuper de leur nature. *C'est la plus abstraite parce que c'est la moins concrète.* Pourtant alors elle reste une science expérimentale et ne peut avoir un caractère plus certain qu'aucune science expérimentale, à moins d'admettre pour vraie l'une des deux premières modalités envisagées au début.

La mathématique dont nous voulons parler ici est tout autre. C'est la science des grandeurs servant à mesurer les attributs et les rapports des phénomènes quels qu'ils soient, dans l'univers ou ailleurs, pourvu qu'ils ne soient pas contradictoires avec eux-mêmes, c'est-à-dire impossibles, et l'autre n'en est qu'une des branches. *C'est une connaissance qui s'élève d'elle-même et par la raison pure, sans le secours de l'expérience.* Nous allons voir en effet comment elle peut formuler ses lois sans tenir compte d'aucune constatation, observation, ou expérience préalable quelle qu'elle soit, et par ainsi, n'admettant pas d'élément douteux, atteindre l'absolue certitude. Au fond la prise de conscience des lois innées était une constatation, et nous allons montrer que même celle-là s'évanouit, et que nous arriverons presque a prendre position dans le quatrième cas, celui du doute complet.

Cette certitude résulte aussi bien des procédés d'investigations que de la nature de son objet ou plus exactement de la façon d'envisager cet objet. Une fois cet objet bien déterminé et les procédés mathématiques bien établis, la question : « les jugements édifiés par cette science sont-ils certains ou non ? » devient presque vide de sens. Pour qu'un jugement soit faux il faut qu'un jugement contraire l'infirme. Pour qu'un jugement soit douteux il faut qu'un jugement contraire *puisse* l'infirmer. Or, par essence, ceci ne saurait avoir lieu. La mathématique, chaque fois qu'elle énonce un jugement, donne successivement aux prémisses toutes les formes qu'elles sont susceptibles de revêtir. C'est pourquoi elle ne se trouve jamais dans la nécessité de mettre en œuvre un jugement a priori, où même synthétique, pour justifier une préférence. Jamais, en effet, elle n'en préconise un plus particulièrement qu'un autre. De chacune de ces prémisses, elle déduit les diverses conclusions par des jugements exclusivement analytiques. Elle ne choisit pas. Il n'y a donc, à aucun moment, place pour se poser la question : ce principe est-il vrai ? Un théorème ne se formule pas : « Tels éléments possèdent tels attributs, donc il existe entre eux telles relations. » Mais « dans le cas où tels éléments posséderaient tels attributs, il existerait entre eux telles relations ». Il est inutile de se poser la question : ont-ils bien ces attributs ? Car on envisage aussi le cas où ils auraient des attributs différents.

La nature du rapport est analytiquement déduite des attributs. Donc la conclusion est nécessaire, mais seulement subordonnée aux attributs, c'est-à-dire aux prémisses du syllogisme.

Nous pouvons presque dire : la question : « Les bases sur lesquelles reposent la mathématique sont-elles certaines ? » est vide de sens. Il n'y a pas de base.

.*.

Le seul principe admis de façon absolue et sans discussion est celui de tous les jugements analytiques, le principe de contradiction. Il est évidemment nécessaire à toute espèce de raisonnement. Il l'est même à toute espèce de discours. Si, en effet, après avoir formulé une proposition quelconque, il se trouve qu'on a aussi bien et en même temps formulé la proposition inverse, il est inutile de parler. Il est même préférable de se taire, d'autant que cela n'empêche pas d'avoir formulé tout ce que l'on n'a pas dit. Du jour où l'homme a ouvert la bouche, il a admis le principe de contradiction. Les premiers mots de l'enfant sont pour exprimer quelque besoin, par exemple : J'ai faim. Il admet en le faisant que cette demande ne laisse pas place à un sens contradictoire comme : Je n'ai plus faim. Nous ne nous arrêterons pas au principe de contradiction et nous ne croyons pas, en nous inclinant devant lui, admettre quelque chose sans démonstration. Nous nous donnons simplement une licence de parler : En posant : « ce que je vais dire, sera bien ce que j'aurai dit et non le contraire. » Ceci est implicitement contenu dans tout discours quel qu'il soit. Si par un rigorisme parfaitement ridicule il restait quelques doutes (on sait que Hegel a nié le principe de contradiction, et nous ne voulons pas perdre notre temps à discuter sa doctrine), il est facile de les lever par le procédé suivant : Nous placerons dès le début de la mathématique une première division en deux cas :

1° Le principe de contradiction est faux. Alors tout est vrai, tout est faux, rien n'est certain et tout l'est. La mathématique se réduit alors à dire : On peut énoncer tout ce que l'on voudra, il est inutile de le démontrer, car ce serait néanmoins faux... tout en étant parfaitement certain.

2° On conviendra d'admettre le principe. Alors on posera des définitions attribuant aux éléments mathématiques les déterminations qu'il plaira. Dans ce cas nous pouvons déclarer : dans tout jugement mathématique les conclusions ont une certitude proportionnelle aux prémisses. Or la certitude de ces dernières ne peut être mise en question. Elle n'est pas envisagée au point de vue absolu. Il suffit qu'elles soient vraies au moment où elles sont énoncées. Ils sont tout prêts à céder la place aux principes inverses lorsque ceux-ci seront énoncés à leur tour.

En général deux jugements relatifs à un même objet pouvant être pris comme base d'une théorie sont contraires l'un de l'autre, c'est-à-dire s'excluent. On devra donc les envisager successivement. Il ne faudra pas considérer simultanément, ne pas mettre en présence, des résultats, même lointains, déduits de chacun d'eux par une filiation indépendante. Parfois l'un d'entre eux, en apparence admissible, conduira à une contradiction dans ses conséquences successives ; il devra alors être rejeté et considéré comme un cas impossible. Enfin il faudra combiner de toute façon possible les principes compatibles de toutes les théories possibles pour parfois arriver à un certain enchevêtrement.

Tout ceci résulte bien de l'analyse mathématique des « jugements synthétiques à priori » de Kant. Nous voyons que cette étude, faite pour détruire les idées du philosophe, nous fournit elle-même les éléments d'une reconstitution. Nous avons dit quelque part : Ils n'ont que la valeur que l'on veut bien leur attribuer suivant le système de grandeurs mathématiques étudiées. Mais du moins, cette valeur, l'ont-ils, et il est loisible de la faire aussi grande que l'on voudra. L'appellation « d'hypothèses » ou de « conventions » présentée à la fin de notre analyse leur convient. En mathématique on pose des hypothèses, on fait des conventions, et l'on en tire des conséquences.

§ 2. La variabilité des principes mathématiques.

a) Le nombre de dimensions de l'espace.

Nous allons, pour éclairer complètement la question, l'illustrer de quelques exemples :

Nous avons dit que les principes « a priori » de Kant étaient avilis. Ils ne sont plus que des étiquettes destinées à cataloguer les divers systèmes de grandeurs ou d'espaces. Nous allons en choisir quelques-uns, et montrer comment la science moderne, au lieu de les énoncer purement et simplement, en une sorte d'entrée en matière, leur a substitué une classification des divers cas possibles. L'un des cas de la classification reste toujours celui pour lequel le principe est vérifié. Mais au point de vue absolu, il n'a pas plus d'importance que les autres. — A chaque principe d'autrefois correspond une classification provoquée par sa « variabilité ». C'est cette « variabilité » dont nous nous proposons de montrer le mécanisme pratique. Nous n'indiquerons que ce qui la met en lumière, sans entrer dans le détail des opérations.

Le premier exemple de jugement a priori que nous avons analysé est le suivant : « l'espace a trois dimensions ». (Nous appellerons pour simplifier *ordre* ou *degré* d'un espace le nombre de ses dimensions.) Naturellement, ceci est un principe à la condition d'être exclusif. Il faut l'énoncer : « 3 est la limite supérieure du degré de l'espace ». Autrement dit : « tout espace de degré supérieur à 3 est absurde. » Nous savons que ceci est faux. On a été conduit à envisager des espaces de degré plus grand. Nous trouvons ici un exemple de la « variabilité » annoncée. Au lieu de poser un principe, de dire : l'espace a trois dimensions, on fait une classification, on dit : nous allons étudier un espace à 2, 3, 4, 5, ... etc.

dimensions (1). Chaque cas peut s'étudier, nous avons déjà eu occasion de le dire, par toutes les méthodes applicables à l'espace ordinaire du 3e degré : géométrie pure, analytique ou descriptive. Nous avons déjà vu, à propos de la symétrie, comment une théorie se généralise aux espaces d'ordre supérieur. Il en est de même pour tous les théorèmes. On peut les appliquer aux espaces d'ordre 4, 5,... etc. Presque toujours on peut formuler un énoncé général dans lequel le degré de l'espace est symboliquement indiqué par une lettre n. On retrouve alors le théorème de la géométrie classique en faisant n=3. Nous l'avons vu pour la symétrie.

Appelons sphère d'ordre n le lieu des points d'un espace d'ordre n équidistant d'un point appelé centre. C'est un espace d'ordre n—1. La sphère ordinaire est la sphère d'ordre 3, le cercle est la sphère d'ordre 2, deux points quelconques constituent une sphère d'ordre 1 (le centre est le point milieu). En général, deux sphères d'ordre n se coupent suivant une sphère d'ordre n—1. Comme cas particuliers : deux cercles se coupent suivant deux points, deux sphères suivant un cercle, et l'on peut considérer une sphère comme l'ensemble des points communs à deux sphères d'ordre 4. — La considération des points cycliques ne change naturellement pas — par exemple : toutes les sphères à quatre dimensions ont en commun une sphère imaginaire à l'infini et notre espace la coupe suivant la courbe circulaire à l'infini, lieu de tous les points cycliques.

Toutes les théories sont ainsi généralisables, avec certains changements de mots. Par exemple : aux surfaces réglées, c'est-à-dire engendrées par des déplacements de droites, correspondent des espaces (le mot de surface impliquant l'ordre 2, ne peut plus être employé) constitués par des infinités de plans, comme les surfaces réglées le sont de droites. On pourra appliquer les théorèmes qui régissent les propriétés des familles de génératrices rectilignes aux familles de plans générateurs. En particulier les lignes de strictions, s'il y en a, deviendront des surfaces de strictions. On trouvera cette dernière théorie

____

(1) Nous verrons dans notre travail subséquent, *les fondements mathématiques dans l'hypothèse du doute absolu*, comment cette notion peut être généralisée davantage encore.

énoncée tout au long dans l'un des plus classiques traités de géométrie analytique à l'usage des étudiants, ce qui marque bien une entrée dans le domaine de l'enseignement (1).

b) Le Postulat d'Euclide.

Mais voici qui est beaucoup plus symptomatique : La dernière édition de la « *Mécanique rationnelle* » de M. Apell consacre une note étendue à la définition du mouvement dans les groupes non euclidiens. A la vérité, la dernière édition du troisième volume, parue en 1910, où cette note trouve sa place, est pas mal plus récente que l'ouvrage de M. Niewenglowski. Mais c'est aussi, par excellence, un livre classique, et, soit dit en passant, l'un des plus beaux qui soient, à cause de sa resplendissante clarté. Nous sommes donc en droit d'y voir l'apparition d'une préoccupation de plus en plus nette d'introduire la variabilité des principes dans le domaine de l'enseignement. Tous les traités un peu complets de géométrie consacraient, ces dernières années, une note plus ou moins rapide à la pangéométrie. Mais son introduction dans la mécanique est une consécration bien plus définitive.

Cette « variabilité » du postulatum d'Euclide fera l'objet de notre second exemple.

L'un des principes les plus classiques est le postulatum d'Euclide : « par un point ne passe qu'une parallèle à une droite ». Le premier il a été suivant l'expression de H. Poincaré « jeté par dessus bord ». Aujourd'hui on lui a substitué l'examen suivant des trois hypothèses : 1° une infinité, 2° une seule, 3° aucune parallèle. Ces trois cas donnent lieu aux trois géométries de Lobatschefski, d'Euclide (probablement celle de l'univers) et de Riemann. On a, pour certaines théories, pu établir des énoncés généraux qui comprennent tous les cas : exemple : on énonce : « La différence entre la somme des trois angles d'un triangle et deux droits est proportionnelle à la surface du triangle. » Le coefficient de proportionnalité (R)

<hr>

(1) *Cours de Géométrie Analytique de Niewenglowski*, Gauthier-Villars, 3 volumes in-8°. — Plusieurs éditions.

devient nul dans la géométrie d'Euclide. On retrouve alors l'énoncé habituel.

Ce coefficient R joue dans les trois géométries un rôle considérable. Il représente, en considérant dans le cas général un triangle de géodésiques sur une surface à courbure constante, ce que Gauss appelle la courbure intégrale de la surface et il est l'inverse du carré du rayon de courbure. (Si la surface n'était pas à courbure constante, la courbure intégrale serait la limite du rapport de l'excès angulaire de la somme des trois angles d'un triangle sur deux angles droits à la surface de ce triangle lorsque celle-ci s'évanouit (1), il est alors l'inverse du produit des rayons de courbure principaux.) Dans le cas du plan euclidien le rayon de courbure est infini, l'inverse de son carré est bien nul.

La constante de proportionnalité montre bien le caractère conventionnel des jugements fondamentaux. Énoncer le postulatum d'Euclide, c'est convenir que ce coefficient est nul, $R = 0$; on fera d'autres hypothèses ensuite. Elle est susceptible de diverses interprétations. En particulier, en considérant l'inverse du rayon de la sphère absolue de H. Poincaré dont nous avons parlé plus haut. La contemplation de ces théorèmes généraux comportant un paramètre dont la fixation détermine l'espace où l'on veut opérer, jointe à la considération des conceptions du genre de celle de sphère absolue qui permet, nous l'avons vu, de passer d'un système à un autre par des changements de mots plus ou moins compliqués, nous montre bien comment les différents cas s'enchevêtrent les uns dans les autres.

Nous y voyons aussi une façon nouvelle de poser le problème expérimental : « Notre espace physique est-il bien euclidien ? » Cela revient en somme à mesurer le coefficient de proportionnalité. Comme dans tout problème expérimental nous sommes

____

(1) Symboliquement : $R = \text{limite} \dfrac{[\Sigma \text{ angles du triangle}] - 180°}{\text{Surface du triangle} \rightarrow 0}$.

limités par le degré d'approximation de l'observation, c'est-même une preuve que le problème est bien posé ; car on ne peut lui donner une réponse absolument rigoureuse. Si l'expérience paraissait donner le paramètre comme nul, on pourrait en conclure : il est extrêmement petit.

Nous devons attirer l'attention sur ce fait : en réalité, il est impossible de déterminer à quel système appartient notre espace physique. L'expérience est pratiquement impossible. Nous avons vu qu'il était impossible (en restant dans l'espace à trois dimensions) de définir la différence qu'il y a entre deux figures symétriques par rapport à un plan. Quel que soit l'artifice employé, on est obligé de faire appel à un rapport externe dans l'espace ; et en outre, dans l'exemple rappelé, relatif à un attribut de l'observateur ; car en réalité il n'y a pas de différence interne. Sans cela elle serait accessible.

Il se produit ici quelque chose d'analogue. Pour atteindre les propriétés qui définissent notre espace, il faudrait avoir un terme de comparaison, il faudrait en sortir. L'expérience des trois perpendiculaires rayonnant autour d'un point pour mesurer le nombre de dimensions de l'espace est illusoire. Un animal infiniment plat sur un plan ne mènera jamais que deux perpendiculaires. Si pourtant ce plan est dans un espace à trois dimensions, s'il y est en mouvement par exemple, s'il rencontre d'autres plans, etc., la géométrie de l'espace pourrait l'intéresser. De même nous pouvons seulement constater que nous semblons nous mouvoir dans un espace à trois dimensions, mais nous ignorons s'il n'est pas matériellement immergé dans un espace tout aussi réellement physique à plus de trois dimensions, ou si même, nous l'avons dit plus haut, il n'a pas une quatrième dimension très petite mais non nulle.

De même la vérification du principe d'Euclide est impossible. Si l'on fait appel à des triangles très grands (parallaxes d'étoiles) pour mesurer R (de façon à avoir des surfaces très grandes), il faut admettre la rectilignité des rayons lumineux (c'est-à-dire qu'ils sont bien des droites euclidiennes). Le fameux exemple de la sphère à température décroissante à partir du centre imaginé par H. Poincaré nous montre les illusions qui guettent l'expérimentateur dans l'observation de mesures géométriques absolues et les avatars auxquels il est exposé.

c) La ligne droite.

Voici un troisième exemple. L'existence de la ligne droite fut un principe admis sans démonstration jusqu'à l'apparition de la pangéométrie. On lui a maintenant substitué la classification que nous allons indiquer.

Dès l'abord, deux cas se présentent : l'espace est homogène ou non. Nous en écartons un qui est trop compliqué et nous classerons seulement les cas fournis par un espace homogène, c'est-à-dire où tous les points sont identiques.

Nous nous posons alors la question : « Existe-t-il une ligne telle que deux points suffisent à la définir ? » par généralisation nous l'appellerons ligne droite. On peut aussi l'appeler géodésique. Les solutions pourront se classer comme suit :

A. Oui.

a) l'espace est isotrope (toutes les droites sont identiques).

b) toutes les droites ne sont pas pareilles. En vertu de l'homogénéité, en tout point passent des échantillons de toutes les espèces de droites. Puisque deux points suffisent à définir une droite, on aura pour chaque couple de points un certain coefficient qui définira la « forme » de la droite. Nous ne voulons du reste pas entrer dans plus de détails sur ce cas dont nous enregistrons seulement la possibilité théorique.

B. Non.

Il y a des couples de points qui ne peuvent suffire à déterminer une droite, il en faut un troisième. Si nous appelons conjugués de semblables points, nous voyons, toujours d'après l'homogénéité de l'espace, que tout point peut faire partie d'un couple de points conjugués. On classera les espaces d'après le nombre des points conjugués associables à un point quelconque. Il y en a :

a) un seul ;

b) un nombre fini ;

c) un nombre infini.

Ce dernier cas se décompose en deux :

1° Ces points ne comprennent qu'une partie des autres points de l'espace.

2° Ils comprennent la totalité des points de l'espace, autrement dit il n'existe aucune ligne susceptible d'être définie par deux points seulement.

Chacun des trois cas a, b, c, se décompose en deux :

α) Entre deux points conjugués il y a un nombre fini de droites ;

β) Il y en a une infinité.

Enfin, il faut distinguer encore pour définir une ligne droite passant par deux points conjugués :

1° Il suffit d'un point.

2° Il faut plus d'un point. Ce cas, qui s'énoncerait : il y a quelquefois impossibilité à trouver une ligne que trois points suffisent à définir, peut lui-même se subdiviser. Mais nous arrêterons là notre classification. On y voit qu'une égale hospitalité est accordée à toutes les hypothèses possibles. Assurément une seule d'entre elles peut être réalisée par un espace donné tel que l'espace où nous habitons.

La géométrie du cas A, a, est la géométrie euclidienne, la géométrie du cas A, b, est réalisée, pour le cas d'un espace à deux dimensions, par la surface du cylindre de révolution euclidien. Cette surface jouit bien de ce que nous avons appelé l'homogénéité : tous ses points sont identiques. Elle n'est pas isotrope. Les géodésiques sont des hélices et leur pas est variable. Le coefficient indiqué ci-dessus sera un paramètre quelconque définissant l'hélice, par exemple l'angle avec une directrice. Cette géodésique est remarquable sans faire appel à aucun rapport externe dans l'espace parce que c'est la seule fermée. La géométrie du cas B, a, β, 1°, est réalisée pour le cas d'un espace à deux dimensions par la surface sphérique. La ligne pouvant être définie par deux points est le grand cercle. Mais à chaque point correspond son antipode qui peut lui être joint par une infinité de grands cercles. On pourrait de même construire des surfaces régies par les lois des divers autres cas. Mais ceci n'est qu'une image, car ces cas doivent engendrer des géométries à plus de deux dimensions.

Ceci nous montre encore qu'il est possible de faire rentrer les divers cas les uns dans les autres ; ayant complètement étudié un système, en la circonstance l'espace euclidien, on peut y définir certaines figures sous certaines conditions et les voir régies par des lois qui sont précisément, avec quelques changements de mots, celles du système voisin. Les attributs : plus court chemin d'un point à un autre (géodésique) ligne unique, définie par deux points, ligne pouvant glisser sur elle-même, etc., conviennent aussi bien à la droite en restant sur un plan, au grand cercle sur la surface sphérique, et à l'hélice sur un cylindre.

d) Le tout est plus grand que la partie.

Dans les trois exemples présentés ci-dessus nous avons seulement montré des principes susceptibles d'être intervertis sans provoquer de contradictions ; seulement une impossibilité de réalisation pratique, concrète, nous dirons presque matérielle, empêche de construire les espaces correspondants.

On peut aller plus loin. Assurément, l'on ne peut formuler de principes portant avec eux une contradiction, mais certains principes dont la vérité est garantie par le principe de contradiction peuvent presque jusqu'à un certain point être mis en doute. Nous entendons par là : ils peuvent cesser d'être applicables. Les grandeurs étudiées peuvent en être affranchies.

Par conséquent, ces principes eux-mêmes, qui eussent semblé hors d'atteinte de toute attaque, sont encore susceptibles d'une certaine variabilité. Moins grande à la vérité que celle des principes non analytiquement déduits des concepts, par une simple application du principe de contradiction. Nous devons pourtant la mentionner.

Nous en citerons un seul : « *Le tout*, dit-on, *est plus grand que la partie.* » Nous n'avons assurément pas l'intention d'affirmer qu'il existe des grandeurs pour lesquelles le tout est plus petit ou égal à la partie. Mais ici encore, on peut distinguer parmi tous les systèmes de grandeurs, celles régies par le principe en question et celles où il est sans action. Dans ces derniers cas, on ne pourra voir se dresser de principe inverse, mais on ne pourra non plus l'appliquer lui-même, car l'un des concepts sur lesquels il porte fera défaut. Une comparaison éclaircira ceci : Les animaux vivipares sont affranchis de toute loi relative à la physiologie de l'œuf, telle que celle-ci, par exemple : Entre le moment de la ponte et celui de l'éclosion, l'œuf ne puise pas d'éléments nutritifs au dehors. Pour les vivipares, la loi est en défaut, non pas parce que son contraire est vrai, non parce que l'on peut édicter : chez les animaux vivipares, l'œuf ne contient pas les éléments d'alimentation nécessaires à la période comprise entre la ponte et l'éclosion, mais parce qu'ils n'ont pas d'œuf. Un rigorisme pourrait faire rejeter notre exemple. On pourrait dire : chez les animaux vivipares la période séparant la ponte et l'éclosion se réduit à zéro. Nous espérons qu'il a pourtant éclairci la question, c'est tout ce que nous en attendions. De même pour certaines grandeurs, le principe énoncé plus haut est faux, non parce que son contraire peut être vrai, mais parce que l'objet du jugement fait défaut.

⁂

Nous allons d'abord montrer que le jugement contraire ne saurait exister. C'est un jugement analytiquement déduit des concepts. « *Le tout* » signifie : ce qui est composé de la réunion de plusieurs éléments appelés « *parties* ». A est plus grand que B signifie A se compose de la réunion de B avec quelque chose de plus. « Le tout est plus grand que la partie », car il se compose de la réunion de la partie avec quelque chose de plus, à savoir, les autres parties.

Ceci est a priori. Voyons maintenant ce que donne l'examen a posteriori. Ne serait-il pas possible de construire un groupe susceptible de se transformer en sa partie sans se modifier et d'arriver ainsi à considérer une grandeur pour laquelle le tout ne soit pas plus grand que la partie, sans dénaturer réellement le sens de ces mots. Nous allons voir que non.

Considérons la plus simple de toutes les transformations

géométriques, la similitude avec ou sans homothétie. Soient
deux figures A et A' semblables. A chaque point de l'une correspond un point de l'autre et réciproquement. Il est donc rigoureusement vrai de dire : « *Les deux figures sont composées du
même nombre de points.* » De plus, ces points sont répartis
exactement de la même façon. Si l'on veut bien se souvenir de
ce qui a été dit au sujet du fameux paradoxe des figures symétriques avec lequel Kant voulait confondre victorieusement ses
adversaires, nous pouvons dire que tout dans la description
interne complète de l'une des figures est applicable à l'autre.
Remarquons bien que donner la longueur par exemple d'un
élément linéaire placé sur une figure autrement que par comparaison avec une unité prise sur la figure elle-même, c'est
faire appel à un rapport externe dans l'espace. Nous ne pouvons dire, si nous voulons nous limiter à une description
intrinsèque, tel élément linéaire a de A a n mètres, mais
il est $= nb^b$, étant lui-même un élément de A. Tout ce que nous
disons de A sera vrai de A', où de même $a' = nb'$.

Nous n'avons pas voulu, pour simplifier, soulever cette
question et faire la distinction entre un rapport externe dans
l'espace et externe à l'espace lorsque nous avons examiné le
paradoxe des figures symétriques, Kant ne se doute pas assurément qu'en envisageant ses deux figures symétriques par
rapport à un plan, il ne fait pas seulement une description interne de chacune d'elles. En effet, leur propriété de symétrie
constitue un rapport externe, mais il est vrai sans sortir de
l'espace. On le réduit au minimum en disant : les deux figures sont telles que leurs descriptions internes sont identiques,
de plus, l'unité de mesure a de l'une, prise sur elle-même,
est égale à l'unité de mesure a' correspondante dans l'autre.
Comme ce rapport ne sort pas de l'espace et qu'il est seulement
externe par rapport à la description des figures, que de plus
il ne fait pas appel à un attribut de l'observateur l'argument
du paradoxe garde toute sa force, et si les figures n'étaient pas
superposables, il suffirait à établir la relativité de l'espace.

Ceci dit, revenons à notre sujet :

Si la description interne complète d'une figure géométrique
doit suffire à la définir, nous sommes conduits à poser $A = A'$.

Or il est facile de prendre A' telle qu'elle soit une partie de A, par exemple, supposons que A soit un carré et A' aussi, avec des côtés moitié de ceux de A. Nous aurions alors une grandeur égale à son quart.

En réalité, il n'en est rien. Il est visible que nous avons commis quelque part un vice de raisonnement. Le voici. L'espace n'est pas absolu. Un élément géométrique (le plus simple, un segment linéaire) ne sera défini que *connu en grandeur et direction*. Pour établir des comparaisons entre diverses figures dans l'espace, il faut d'abord se donner en quelque sorte une échelle. Ceci n'a rien qui doive surprendre, nous avons déjà eu occasion de dire qu'une comparaison était une opération essentiellement extrinsèque, il est donc logique qu'elle ne puisse s'effectuer sans faire appel à un rapport externe dans l'espace. De même, il faudra se donner une direction, une orientation. Naturellement, l'on suppose, lorsqu'on fait de la géométrie, cette échelle et cette direction invariables. Mais en vertu de la relativité de l'espace, si l'orientation, définie par exemple par un système d'axes, était entraînée dans un mouvement échevelé de rotation, et si les grandeurs subissaient des oscillations qui les fassent passer instantanément de 1 à 100.000, à la condition que tout l'espace subisse simultanément le même bouleversement, il nous échapperait complètement, car il faudrait naturellement supposer l'observateur entraîné dans le même mouvement. Comme il ne s'agit pas de l'espace en soi, mais d'un espace hypothétique, objet de la géométrie, on peut admettre sa stabilité.

Après seulement avoir défini l'espace en indiquant l'échelle et l'orientation, on peut se livrer à des comparaisons et étudier les rapports des figures entre elles.

Remarquons bien que le terme de comparaison adopté ne saurait être le point. Là est le nœud de la question. On ne saurait prendre comme élément de référence entre deux objets quelconques une unité qui figure un nombre infini de fois dans chacun d'eux. Il est impossible d'établir directement une comparaison entre diverses grandeurs infinies. Ceci est un résultat indiqué par l'étude des grandeurs monovariantes, l'arithmétique, si l'on veut, qu'il faut supposer connue pour aborder l'étude des grandeurs polyvariantes, ou géométrie. On est conduit, si l'on tente d'enfreindre cette loi, à des résultats absurdes.

C'est ainsi, par exemple, qu'en faisant correspondre à chaque nombre son inverse, on constate que la suite des nombres réels ne comporte pas plus de nombres dans l'intervalle compris entre un et l'infini qu'entre zéro et un. Si l'on disait qu'un intervalle est plus grand qu'un autre s'il contient plus de nombres, et ceci n'a rien de choquant à première vue, on serait conduit à affirmer que un est plus grand que tout nombre fini. C'est pour éviter de tomber dans cette absurdité que M. Cantor, auquel ces notions sont dues, a introduit un concept nouveau, celui de « *puissance* ». Deux ensembles infinis, composés d'éléments se correspondant rigoureusement chacun à chacun, de sorte que l'on pourrait dire : « *ils comportent le même nombre d'éléments* », sont dits, non pas égaux, mais de même puissance.

Puisque nous avons cherché notre comparaison dans l'espace, retournons-y. M. Peano a signalé une remarquable correspondance entre les points d'un carré et ceux de l'un de ses côtés, qui traduit géométriquement notre dernière remarque, et donne en outre de fort curieux résultats. Cette correspondance peut en particulier être obtenue comme suit. Partageons les côtés d'un carré en n segments. Par les points de division, menons des parallèles aux côtés, pour former un quadrillage de n² petits carrés partiels. Nous pouvons toujours diviser l'un des côtés du carré en n² segments. Nous pouvons donc établir une correspondance univoque et réciproque entre les segments du côté et les carrés partiels. Menons ensuite une ligne passant par les milieux de tous les petits carrés et tracée suivant une loi de zig-zag, telle qu'il n'y ait jamais plus de deux carrés consécutifs en ligne droite. Si alors nous passons à la limite en faisant croître n indéfiniment, les carrés et les segments du côté deviennent des points, et nous réalisons une correspondance univoque et réciproque entre chaque point de la surface du carré et d'un de ses côtés. La courbe envisagée couvre alors entièrement toute l'aire du rectangle, sans qu'aucun point lui échappe. La loi de zig-zag lui permet de se détacher du côté sur lequel elle a son point de départ. Si au lieu de cela, elle était constituée en prenant des bandes parallèles raccordées aux extrémités, elle débuterait par un des côtés du rectangle, et ne pourrait jamais s'en détacher, puisque pour atteindre un point quelconque, à distance finie, il lui faudrait une longueur infinie (la somme de toutes les parallèles comprises entre ce point et le côté). On peut alors représenter les coordonnées de la courbe en fonction d'un paramètre unique (la position du point correspondant sur le côté du rectangle). L'on démontre que ces fonctions, quoique continues, n'ont pas de dérivée. L'on peut faire ici la même remarque que pour la suite des nombres réels. Si deux lignes sont définies d'égale longueur, lorsqu'il y a une correspondance univoque et réciproque entre leurs points chacun à chacun, ce qui fait que l'affirmation « ces deux courbes ont même nombre de points » n'est en tout cas pas fausse, si cette définition était adoptée, disons-nous, la courbe, qui est en réalité infinie, serait égale au côté du carré qui est fini.

Il n'en est rien. Le point ne saurait être pris comme terme de comparaison. Il faut introduire ici une notion nouvelle qui permette de considérer un élément composé lui-même d'un nombre infini de points, et qui permette d'établir la comparaison. Cette notion est celle de longueur. Puisque la courbe de M. Peano couvre toute la surface du carré, on pourrait vouloir établir une comparaison entre le côté et l'aire du carré. Il nous faudrait alors établir aussi la notion d'aire.

Or, il y a une infinité de manières de définir la longueur d'une courbe, et chacune d'elles peut être le point de départ d'une nouvelle géométrie, remarque, après Riemann, H. Poincaré. Mais, et cette conclusion était notre but : aucune de ces définitions, si elle conserve les notions du tout, de la partie et de la grandeur relative, ne peut être compatible avec l'énoncé : *« le tout égale la partie. »*

∴

Pourtant, nous avons annoncé qu'il pourrait y avoir des espaces où le principe est en défaut. Ce sont ceux où l'une des notions de tout, de partie ou de grandeur relative ne peut être introduite, ou tout au moins sans être tellement altérée qu'il faut y voir un concept absolument nouveau. Ainsi la notion de puissance signalée plus haut, n'est nullement la même que celle de grandeur. Or, on démontre que l'on peut, d'un ensemble ayant une puissance donnée, retrancher un ensemble de même puissance sans l'altérer. Donc, le tout a même puissance que sa partie. Nous ne voulons pas voir ici un exemple de contradiction du principe, à cause de cette différence de nature entre la puissance et la grandeur, en différence fort semblables. En effet, puisque deux ensembles de même puissance sont composés d'un même « *nombre* » d'éléments. Mais précisément, ce nombre particulier, l'infini, jouit de la propriété de n'être pas comparable avec lui-même. Nous disons donc tout simplement : le principe n'est plus applicable, l'une des notions fait défaut. Mais à la vérité, pour les grandeurs infinies, tous les principes sont plus ou moins en défaut.

Il nous faut donc trouver un exemple de grandeurs finies, il nous sera fourni par les grandeurs non homogènes. Ce sont les grandeurs dans lesquelles un point n'est pas comparable à un autre, dans lesquelles le mouvement est impossible. Sans insister davantage, nous indiquerons, à titre d'image, pour *se représenter imaginativement* un espace hétérogène, le cas d'un milieu où la température serait inégalement répartie, et où tous les objets se mettent instantanément en équilibre de température, avec même coefficient de dilatation. La comparabilité est impossible, car on ne peut savoir si un objet se déforme ou non et comment, dans un transport.

Il devient alors illusoire de définir le tout et la partie. L'addition, qui ne peut se faire qu'entre objets analogues, est interdite, partant, les mots « *tout* » et « *partie* » sont vides de sens. Rien ne peut être plus grand ou plus petit qu'autre chose, puisque la grandeur dépend de la position des figures.

Il nous reste seulement à signaler ici, comme pour les trois autres exemples, à quel point les cas où le principe est vérifié, et ceux où il ne l'est pas, s'enchevêtrent et peuvent se déduire les uns des autres. Ici encore, nous devons dire que l'étude des grandeurs hétérogènes sera singulièrement facilitée par la connaissance des lois des grandeurs homogènes. Il sera possible d'en faire la théorie par une sorte d'application des théories déjà connues. L'inverse serait plus facile encore, car le cas de l'hétérogénéité est plus général que celui de l'homogénéité qu'il comprend comme cas particulier; nous le signalons, pour bien montrer une fois de plus la relativité des divers systèmes et la possibilité de passer de l'un à l'autre. L'examen des grandeurs hétérogènes est fort complexe. Nous ne pouvons songer à en faire entrevoir un aperçu, même schématique. Nous l'avons mentionné pour montrer l'infinie variété de l'objet mathématique.

§ 3. Conclusions. La notion moderne de grandeur.

Donc enfin, il n'y a pas à proprement parler, en mathématique, de fondements, c'est-à-dire de jugements certains, et, devant ce caractère à une mystérieuse origine. L'objet des mathématiques, la grandeur, est une sorte de Protée aux multiples aspects. Il ne faut pas chercher à savoir lequel de ces aspects est le vrai, tous le sont. Et à la vérité, peu importe dans lequel des quatre cas envisagés au début on se suppose placé.

Pour terminer, nous allons montrer, dans les idées des mathématiciens modernes, comment se dessinera cette notion générale de grandeur. Nous verrons le rôle immense joué par la féconde théorie des transformations. Mais nous aurons le regret de constater combien il est difficile de se défaire du besoin des principes suprêmes, et combien la néfaste influence de Kant arrête en mathématique cette idée de « l'absence de toute base ».

* *

La notion même de grandeur s'est épurée, schématisée dans le nouveau concept, désigné actuellement sous le nom de groupe, d'ensemble, de façon à ne plus garder trace de son origine. Cette origine est devenue, par le mode de construction du concept, sans importance. Le plus illustre mathématicien moderne, H. Poincaré, incline à la croire innée. « Le con- « cept général de groupe préexiste dans notre esprit, au « moins en puissance. Il s'impose à nous non comme forme « de notre sensibilité, mais de notre entendement (1). » Mal- gré de fréquentes révoltes contre le philosophe de Kœnigsberg, H. Poincaré est au fond quelque peu kantiste. Nous ne vou- drions pas nous permettre ici de nous inscrire en faux contre son affirmation. Nous nous sommes crus autorisés à critiquer les opinions d'un philosophe pur. Mais nous sommes portés à nous incliner devant la décision du mathématicien dont les mémoires, fort nombreux, ont apporté à la science d'immenses matériaux.

Pourtant, après avoir remarqué que la « notion de gran- deur » ou « concept général de groupe » est bien le seul point de départ de la mathématique, nous devons avouer qu'il est beaucoup plus séduisant de lui attribuer une origine expéri- mentale. C'est là la théorie d'Aristote, dont s'est imbue l'école scolastique. Il est en effet beaucoup plus naturel de le sup- poser résultant de l'observation par le sujet conscient des objets externes ou internes. L'hypothèse de son immanence est gra- tuite, au contraire, on peut affirmer que, si l'entendement ne la possède pas déjà, elle lui est rapidement imposée. Rappe- lons que cela aura lieu sans qu'il soit besoin de faire appel à l'intuition sensible. En effet, l'observation des objets internes, c'est-à-dire l'auto-intuition du sujet conscient révélant la diver- sité de ses pensées fait naître le « concept de groupe ».

Tout ce que nous, mathématiciens, demanderons à ce « con- cept de groupe », résultat de l'observation externe ou interne, peu importe, c'est de devenir un concept général. Nous enten- dons par cela de l'élaguer de tous les attributs particuliers avec lesquels il se présente. En effet : les observations qui l'ont fait naître ont pu le fournir, revêtu de certaines propriétés qui le

____

(1) H. POINCARÉ : *La science et l'hypothèse*, p. 90. Nous ferons remarquer que, tout en admettant l'innéisme de cette notion, M. Poincaré se révolte contre la conception kantienne.

conditionnent complètement. Il faudra les supprimer et garder le concept nu, réduit en somme à la croyance à la possibilité d'une pluralité quelconque. Il nous suffit ainsi, et alors seulement, nous pouvons en faire l'objet d'une science exacte.

Nous déclarons en tout cas que ce n'est pas à l'innéisme de la notion de groupe qu'il faut attribuer le caractère certain des mathématiques. S'il en était ainsi, nous verrions renaître de ses cendres toute la doctrine des fondements mathématiques d'après le système de philosophie critique. « *Certain* », *parce que* « *inné* ». Nous pourrions dire que nous aurions réduit à néant des centaines de pages pour laisser subsister quelques lignes qui contiennent tout. Il nous faudrait énoncer : les mathématiques atteignent à des résultats apodictiquement certains, parce que leur objet est une « *idea innata* »... Seulement, ce ne serait pas tout à fait la même que celles admises par Kant et son école. Il n'en est rien. Le rôle de l'origine du concept en nous peut être intéressant à étudier à un point de vue psychologique, mais il est sans influence sur la certitude ultérieure des propositions mathématiques qui l'ont pour objet. Le mode de constructions des mathématiques élimine forcément le résultat de la genèse de ce concept. Il pourrait même avoir, comme nous venons de le voir, une naissance sensible, être provoqué en nous par la vue de la succession dans le temps ou de la pluralité dans l'espace. Peu importe. Puisque loin de le conserver sous la forme où nous le livre l'immanence ou l'observation, le mathématicien lui fait revêtir toutes les formes possibles. Sa nature initiale n'a pas plus d'influence sur le développement des mathématiques et sur leur certitude, que la pomme de Newton ou la lampe de Galilée n'en ont sur l'enchaînement de leurs systèmes. C'est une occasion qui a provoqué, ce n'est pas une cause qui a déterminé.

∴

Cette méthode qui permet d'éliminer la nature primitive de la notion de grandeur, repose sur la merveilleuse théorie de la transformation. Due au prodigieux et précoce génie d'Evariste

Gallois (1), elle a fait l'objet des recherches de presque tous les mathématiciens de la deuxième moitié du XIXᵉ siècle. Elle a reçu son développement à peu près complet dans le vaste ouvrage de Sophus Lie (théorie des transformations de groupes) (2) qui n'a pas encore été traduit en français.

Ce traité étudie les diverses espèces de groupes, ou grandeurs, continues ou non, à une ou plusieurs dimensions, en indiquant (c'est là ce qui constitue la notion de transformation) les méthodes pour passer de l'une à l'autre.

L'espace géométrique, en particulier, n'est dans ce système qu'un cas spécial des groupes à trois dimensions. Si l'on considère que l'espace géométrique est celui dont les attributs coïncident avec ceux de l'espace physique, il faudrait dire avec Riemann (3) : « Les propriétés par lesquelles l'espace se distingue « de toute autre grandeur imaginable à trois dimensions, ne « peuvent être empruntées qu'à l'expérience. » La théorie complète des transformations doit avoir étudié toutes les variétés possibles de groupes à trois ou plus de trois dimensions.

Ce rôle de l'expérience devra se limiter à servir de guide pour choisir parmi eux. Ceci ne peut être fait que par elle. La nature de l'espace est une question expérimentale. Si nous ne l'abordons pas par l'expérience, nous retombons sur la série des principes indémontrés qu'il faut admettre en vertu d'une sorte de dogme. Puisque l'on n'en agit pas ainsi dans le cas général de grandeur, pourquoi vouloir le faire pour l'espace ? S'il s'agit de l'espace très général, il n'y a plus de principes, s'il s'agit de l'espace physique, astronomique, il faut être réellement imbu des théories kantiennes pour vouloir malgré tout recourir à l'immanence dans sa définition ; il nous paraît mal-

*

(1) Élève à l'école normale, tué à 20 ans le 31 mai 1832 dans un duel causé par ses opinions politiques. La veille de sa mort il rédigea une sorte de testament scientifique contenant les éléments de sa théorie et qui parut dans le numéro de septembre 1832 de la *Revue encyclopédique*. Les notes éparses de ses travaux recueillies par Liouville furent publiées par lui. Les œuvres de Gallois ont paru depuis en 1897.

(2) Leipzig, Teubner. trois forts volumes in-8°.

(3) *Œuvres mathématiques* de RIEMANN, Traduction LAUGEL : un vol. in-8°, Paris, Gauthier-Villars, 1898. — *Mémoire sur les Hypothèses qui servent de fondement à la géométrie* lu en 1834 à la Faculté philosophique de Göttingue. Traduction HOÜEL.

heureusement que Sophus Lie agit ainsi, alors que précisément ses études lui avaien révélé la possibilité « a priori » de toutes les autres variétés possibles.

Il déclare en effet : « Si l'on veut réellement démontrer que « l'espace est un *ensemble continu* » (à trois dimensions) « on « doit préalablement établir une liste d'axiomes suffisamment « importante et desquels Riemann ne semble pas s'être « douté (1). »

S'il s'agit de *démontrer*, peut-être, mais comme rien ne démontrera les axiomes, le doute subsistera. S'il s'agit de *s'en assurer*, on expérimentera et tout ira bien. L'influence de Kant, visible ici, va contre son système lui-même. Il a établi que l'espace objectif est hors d'atteinte de la raison... alors ? C'est bien pourtant de l'espace objectif qu'il s'agit ici, puisque les autres, c'est-à-dire les groupes de grandeur quelconque à trois dimensions ont été examinés à part sans axiomes. Ces jugements dans lesquels Sophus Lie fait revivre les *synthétiques a priori* de Kant, il les examine rapidement : « Pour les débuts « de la géométrie, 1° des notions (conceptions fondamentales) « sont certainement nécessaires, comme espace, courbe, sur- « face, 2° des axiomes tels que l'existence (die Eigenschaften) « de la ligne droite, de la sphère, etc.) (2). » Nous voyons qu'ils sont assez vagues, et représentent en somme la possibilité de traduire en langage géométrique les éléments abstraits étudiés dans la théorie abstraite des groupes.

Nous avons cru devoir citer cet exemple pour montrer comment la néfaste influence de Kant avait ainsi pu s'exercer sur un mathématicien aussi savant que Sophus Lie. Non certes pour lui faire commettre des erreurs. La mathématique possède des méthodes d'analyse assez sûres pour ne pas être faussées, même par le plus spécieux des philosophes, mais enfin elle a laissé percer en lui des tendances fâcheuses. Il n'est pas d'exemple, en effet, qu'une théorie mathématique ait été publiée, consi-

---

(1) T. III, p. 394. Nous traduisons le mot *zahlenmannigfaltigkeit* par « ensemble continu » ou « ensemble ayant la puissance du continu » et nous empruntons cette expression à M. Émile Borel (*Leçons sur la théorie des fonctions*, un vol. in-8°, Paris. Gauthier-Villars, 1898, page 46). Il l'employait pour traduire une conception de M. Cantor qui nous paraît analogue.

(2) T. III, page 536.

dérée pour vraie par quelques-uns, puis pu'il ait fallu l'abandonner par la suite. Il n'est même pas d'exemple qu'une théorie mathématique ait été mise en discussion, (par ceux qui connaissent cette science, s'entend), groupant ses partisans, contre ses détracteurs. Ou elle est vraie ou elle ne l'est pas et le mathématicien possède des méthodes lui permettant de s'en assurer sans hésiter. En philosophie, il n'en est certes pas de même, et il faut regretter encore une fois en finissant que cette constatation n'ait pas inspiré quelque discrérion aux philosophes, en leur apprenant à ne parler que de ce qu'ils ont étudié.

* *

Nous voulons avoir l'honneur de terminer ce petit travail par une phrase de Poincaré (1). Nous la citerons sans commentaires, car elle nous paraît résumer admirablement la question, et nous pourrons ainsi nous abriter sous son égide protectrice. Il envisage la géométrie en général, et non pas seulement celle de l'espace physique ; c'est pourquoi il ne la veut pas expérimentale, car « elle ne serait pas une science exacte ».

« Les axiomes géométriques ne sont ni des jugements syn-
« thétiques a priori, ni des faits expérimentaux. »

« Ce sont des conventions. Notre choix parmi toutes les con-
« ventions possibles est guidé par l'expérience, mais il reste
« libre et n'est limité que par la nécessité d'éviter toute con-
« tradiction. C'est ainsi que les postulats peuvent rester rigou-
« reusement vrais quand même les lois expérimentales qui ont
« déterminé leur adoption ne sont qu'approximatives. »

(1) *La Science et l'hypothèse*, page 66.

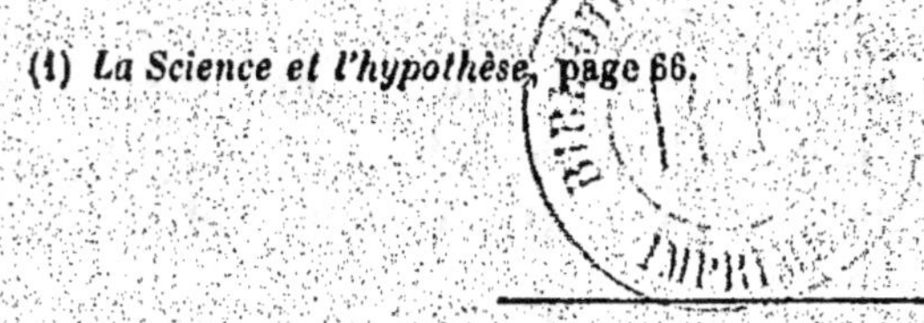

TABLE DES MATIÈRES